U0520867

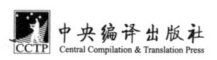

[瑞士] 荣格————————著 ● 中央编译翻译服务组————————译

移情心理学

中央编译出版社
Central Compilation & Translation Press

图书在版编目 (CIP) 数据

移情心理学 / （瑞士）荣格著；中央编译翻译服务组
译 . —北京：中央编译出版社，2023.7
　　ISBN　978-7-5117-4408-1

　　Ⅰ . ①移⋯　Ⅱ . ①荣⋯ ②中⋯　Ⅲ . ①荣格 (Jung,
Carl Gustav 1875–1961) – 分析心理学　Ⅳ . ① B84–065

　　中国国家版本馆 CIP 数据核字 (2023) 第 099780 号

移情心理学

责任编辑	郑永杰
责任印制	刘　慧
出版发行	中央编译出版社
地　　址	北京市海淀区北四环西路 69 号 (100080)
电　　话	(010)55627391(总编室)　　　(010)55627312(编辑室)
	(010)55627320(发行部)　　　(010)55627377(新技术部)
经　　销	全国新华书店
印　　刷	佳兴达印刷（天津）有限公司
开　　本	880 毫米 ×1230 毫米　1/32
字　　数	123 千字
印　　张	9.25
版　　次	2023 年 7 月第 1 版
印　　次	2023 年 7 月第 1 次印刷
定　　价	59.00 元

新浪微博：@ 中央编译出版社　　微　　信：中央编译出版社 (ID：cctphome)
淘宝店铺：中央编译出版社直销店 (http：//shop108367160.taobao.com) (010)55627331

本社常年法律顾问：北京市吴栾赵阎律师事务所律师　闫军　梁勤
凡有印装质量问题，本社负责调换。电话：(010)55626985

出版前言

荣格的《金花的秘密》和《未发现的自我》在中央编译出版社出版后，引起国内读者的广泛关注，其中不乏心理学爱好者、心灵探索者，以及荣格心理学的研究者。

这两本书之所以广受关注，原因正如它们的名字所指出的——"秘密""未发现"，这是荣格向人类发出探索潜在奥秘的邀请。荣格曾感叹，在人类历史上，人们把所有精力都倾注于研究自然，而对人的精神研究却很少，在对外界自然的探索中，人类逐渐迷失自我，被时代裹挟，被无意识吞噬……

为了更好地向读者介绍荣格心理学，中央编译出版社选取荣格文献中的精华篇章，切入荣格关于梦、原型、东洋智慧、潜意识、成长过程等方面的心理问题、类型问题、心理治疗等相关主题内容，经由有关专家学者翻译，以"荣格心理学经典译丛"为丛书名呈现出来。此外，书中许多精美插图均来自于不同时期荣格的相关著作，部分是在中国书刊中首次出现，与书中内容相配合，将带给读者不一样的视觉与心灵冲击。

多年来，中央编译出版社注重引进国外有影响的哲学社会科学著作，其中有相当一部分是心理学方面的著作，目前已形成比较完整的心理学著作体系，既有心理学基础理论读物，又有心理学大众普及读物，可谓种类丰富、名家荟萃。我们希望这套丛书的推出，能够为喜欢荣格心理学的读者和心理学研究者，提供一套系统、权威的读本，也带来更好的阅读体验。译文不当之处，敬请批评指正。

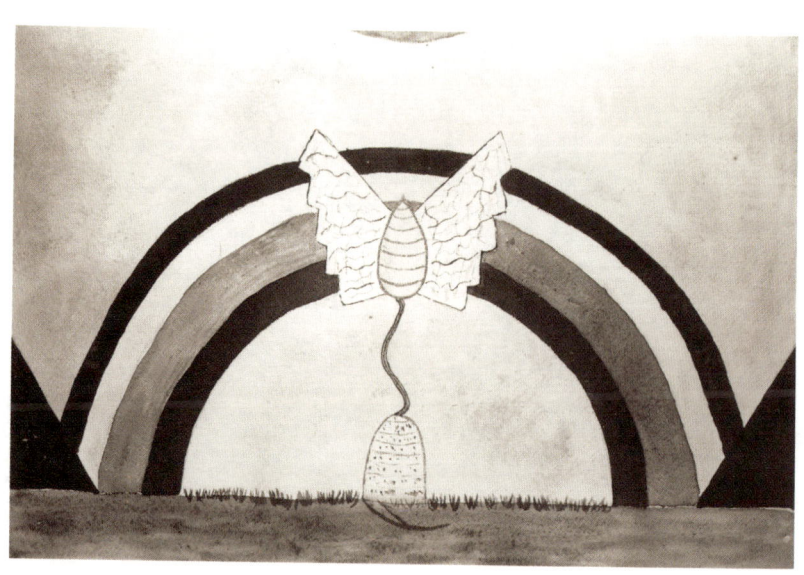

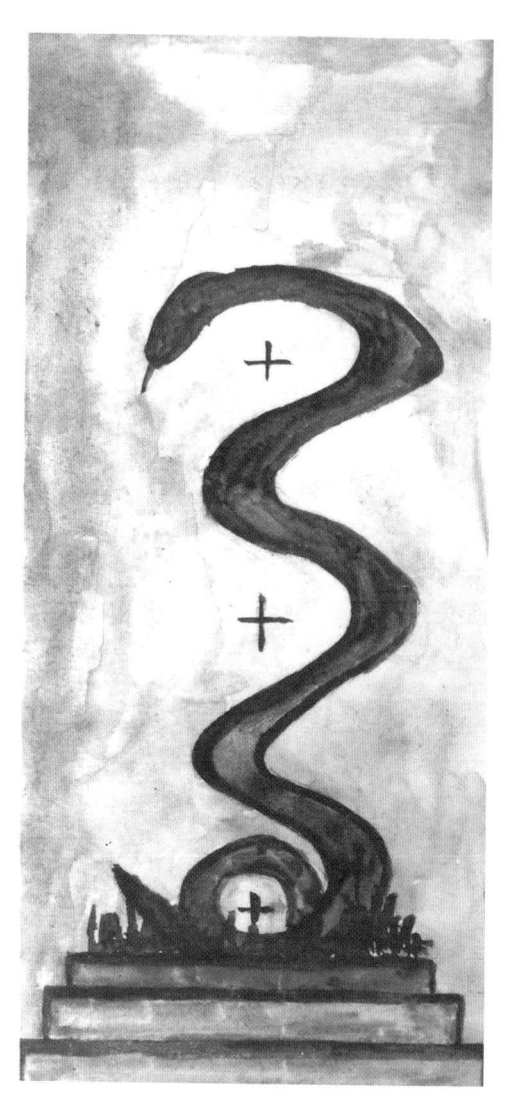

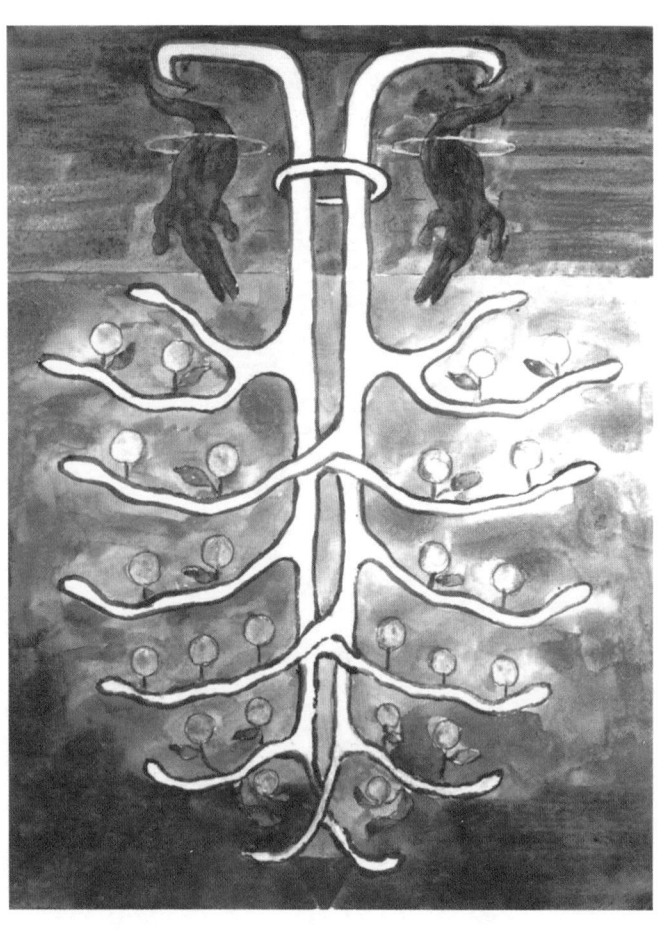

我孜孜探寻，不会轻易断言；

我不会极有把握地确定任何东西；

我会推断、试验、比较、尝试、问询……

（Quaeronon pono, nihil hic determinodictans

Coniicio, conor, confer, tento, rogo....）

——致克诺尔·冯·罗森罗斯（Knorr von Rosenroth）与阿杜布拉修·卡巴拉（Adumbratio Kabbalae Christianae）

运气也好,顺势我的筆下

序..001

引　言..007

基于《哲人的玫瑰园》插画的移情现象解释.........075

　1. 墨丘利喷泉..................................075

　2. 国王和王后..................................087

　3. 赤裸裸的真相..................................126

　4. 浸泡在浴缸里..................................133

　5. 结合..................................143

　6. 死亡..................................158

　7. 灵魂升天..................................173

　8. 净化..................................182

9. 灵魂回归 195

10. 新生 232

附录　心理宣泄的治疗价值 253

序

凡是具有心理治疗实践经验的人都知道，弗洛伊德称之为"移情"的过程常常都是一个棘手的问题。我们或许可以毫不夸张地说，几乎所有需要进行长期治疗的病例全都是以移情现象为中心，而从根本上来看，治疗的成败似乎也与移情现象紧密相关。因此，心理学完全无法忽视或者回避这个问题，而心理治疗师也不应当假称，所谓的"解决移情问题"是一件理所当然的事情。"升华"是一个与移情密切相关的过程；在对待这一过程的时候，我们也会遇到一种类似的乐观态度。探讨这些现象之时，人们常常说得好像它们可以通过理智或者知识和意志去解决，或者可以由一位技术精湛的医生凭借其聪明才智和医术进行治疗似的。假如情况并不简单，我们无法轻而易举地获得结果的话，这种委婉而具有安抚性的方法就很有用处；但是，这种方法的不利之处在于，它会掩盖这个问题的难度，从而阻碍或者延误我们去进行更加深入的探究。尽管我起初赞同弗洛伊德的观点，认为移情的重要性无论怎么说都不算过分，但日益增长的经验却让我不得不认识到，移情的重要性是相对的。移情就像是药物，对一个人可能是灵丹，对另一个人却有可能纯属毒药了。在一个病例中，出现移情可能标志着病情有所好转；在另一个病例中，移情却会是一种阻碍，就算不代表病情恶化，也会标志着病情有所加重；而到了第三个病例中，移情现象又有可能相对无关紧要。然而一般说来，移情确实是一种至关重要的现象，具有不同的意义差别，而缺乏移情与存在移情现象同样意义重大。

在本书中，我关注的是移情的"经典"形式及其现象学。由于移情是一种关系，故它往往意味着"面对面"（vis-à-vis）。通常来说，在这种关系具有不良作用或者根本不存在这种关系的情况下，"面对面"的作用并不重要；比如说，病人具有自卑情结，同时伴有一种自我肯定的补偿性需求时，就是如此[①]。

看到我为了阐述移情现象，竟然会求助于炼金术中的象征意义这种显然大相径庭的东西，读者也许会觉得奇怪。不过，凡是看过我的《心理学与炼金术》一作的人都会知道，炼金术与移情现象之间存在种种极其紧密的联系，而在潜意识心理学当中，出于实际原因，我们也必须对这些联系加以考虑才行。因此，得知经验已经表明这种频繁出现且极其重要的现象在炼金术的象征和意象中也有一席之地之后，读者就不会感到惊讶了。这样的意象，不太可能是移情关系的意识呈现；相反，它们不自觉地认为移情是一种理所当然的关系，因此我们或许可以把它们当成一根阿

———————————————

[①] 我并不是说，在这样的病例中绝对不会出现移情现象。消极的移情，会以抵触情绪、反感或者厌恶为幌子，从一开始就令对方显得极其重要，哪怕这种重要具有消极性；它还会努力在形成一种积极移情的道路上设置各种可以想见的障碍。因此，后者典型的象征意义——对立双方的整合——就无法形成。

丽雅德涅之线①，来引导我们的论述。

在本书中，读者不会看到描述移情临床现象的内容。本书并非为初次接触这些问题，因此需要获得指导的新手所作，而是专门供已经从实践中获得了丰富经验的人所用。我的目标，就是在这个刚刚发现、尚待探索的领域里提供某种方向，并让读者熟悉其中的一些问题。考虑到此处有一些巨大困难会阻碍我们去理解，所以我想强调一点，即我的研究具有暂时性。我已经努力把自己的观察结果和想法整合起来，呈交给读者去思考，希望能够引导读者去注意某些观点；因为随着时间的推移，我越来越感受到了那些观点的重要性。我担心的是，读者若是没有了解过本人以前的著作，就会难以看懂我的表述。因此，对于那些可能有所帮助的著作，我都在脚注中进行了说明。

---

① 阿丽雅德涅（Ariadne），古希腊神话中克里特岛国王的女儿，据说雅典王子忒修斯与她一见钟情，然后凭借她赠送的一个线团走进迷宫杀死了怪物，并且沿着线走出了迷宫。故如今常比喻走出迷宫的方法、解决复杂问题的线索。——译者注

对我的早期作品不甚了解的读者在阅读本书时，或许会对我用于研究的史料数量感到震惊。我这样做的原因和内在必要性就在于，只有能够站到一个处于我们这个时代以外的位置上去观察，我们才有可能正确地认识和理解一个属于当代的心理学问题。这个位置，只能是过去某个涉及了相同问题的时代；尽管当时的问题所处的环境与呈现的形式不同于当代，也是如此。所以，这种比较分析必然会要求我们对当时历史形势的方方面面做出相应的详细描述。假如面对的是众所周知的史料，只需稍加介绍和提示就足够了的话，我就可以更加简洁地去描述这些方面。可遗憾的是，情况并非如此，因为本书回顾的炼金术心理学差不多是一个全新的领域。因此，我必须想当然地认为，本书读者对我的《心理学与炼金术》一作已经有所了解；如若不然，读者就很难看懂本书了。无疑，具备充足的专业与个人经验、业已熟悉移情问题所涉范围的读者，则会原谅我的这种期待。

尽管当前这项研究能够自成一体，但它同时

也是一种引言，可以让我们大致了解世人更加全面地对炼金术中的对立面问题，及其现象学与整合所进行的论述；在下一部题为《神秘关联》的作品中，我将论述这些方面。在此，我想对所有阅读过我的手稿并且提出了指正意见的人表示感谢，并且尤其要感谢玛丽·路易丝·冯·弗朗茨博士（Dr Marie-Louise von Franz）的慷慨相助。

C. G. 荣格

于 1945 年秋

本书首版时间为 1946 年，出版于苏黎世，书名为 *Die Psychologie der Ubertragung*。

——编者注

引　言

一种敌对的和平，一种甜美的创伤，一种和善的邪恶。（Bellica pax, vulnus dulce, suave malum.）

——约翰·高尔（John Gower），

《情人的忏悔》，第 2 部，第 35 页

1

倘若我们还记得，最常用于婚姻的一个术语，即"结合"（coniunctio）一词——首先是指我们如今所称的化合，而要结合的物质或者"物体"则是由我们所称的"密切关系"凝聚到一起的，那么，"神秘结合"的思想在炼金术中扮演了一个极其重要的角色这一事实，就不会那么令人

感到惊讶了。在过去，人们曾用各种各样的术语来表达一种人际关系，尤其是表达一种情爱关系，比如"婚礼"（nuptiae）、"婚姻"（matrimonium）、"姻缘"（coniugium）、"友谊"（amicitia）、"吸引"（attractio）和"求欢"（adulatio）。相应地，要结合的物体则被视为"主动者与被动者"（agens et patiens），被视为"男人"（vir）或者"男性"（masculus），被视为"女性"（femina）、"妇女"（mulier）、"雌性"（femineus），或者被更加生动地描述成公犬与母犬、马（种马）与驴子[1]、公鸡与母鸡[2]，以及有翼的和无翼的龙[3]。这些术语越是变得拟人化和兽形化，由创造性的幻想和潜意识所发挥的作用就越明显，而我们也越能看出，古时的自然哲学家用其思想去探索物质种种神秘而未知的特征之时，是如何受到了诱惑，偏离了严

---

[1] 参见佐西莫斯，见于贝特洛（Berthelot），《希腊的炼金术》，第 3 部，第 12 章，第 9 节。

[2] 经典的段落，见于西尼尔（Senior），《论化学》（De chemia），第 8 页："您需要我，就像公鸡需要母鸡。"（Tu mei indiges, sicut gallus gallinae indiget.）

[3] 文献中有无数这样的图画。

格意义的化学研究，因而被"物质神话"的魔咒所迷住的。由于我们不可能绝对摆脱偏见，所以，哪怕是最客观、最公正的研究人员，在进入一片从未被照亮、什么也辨认不出来的黑暗领域之后，也很有可能变成某种潜意识假设的受害者。这种情况，并非一定就是不幸，因为随后自行出现替代未知事物的思想，将采取一种古老而并非不恰当的类比形式。所以，凯库勒（Kekulé）的"舞伴"设想[①]无疑属于一种"结合"观点，即炼金术士们在长达17个世纪的时间里始终都在思考的配对问题；这种设想，率先让他踏上了研究某些碳化合物，即苯环结构的道路。也正是这种意象，往往会把研究者的注意力诱离化学上的问题，回归到"皇室联姻"或者"圣婚"的古老神话上去；但在凯库勒的设想中，这种意象最终还是实现了其化学目的，从而对我们理解有机化合物、

[①] 参见凯库勒，《有机化学教程》(*Lehrbuch der organischen Chemie*)，第 1 部，第 624 页和第 625 页；菲尔兹·戴维（Fierz David），《化学发展史》(*Die Entwicklungsgeschichte der Chemie*)，第 235 页往后。

对后来合成化学的空前进步都产生了极其巨大的
作用。回顾历史，我们可以说，炼金术士在发掘
这种"奥秘中的奥秘"（arcanu marcanorum）[1]、
这种"神的恩赐与至高者的奥秘"（domum Dei et
secretum altissimi）[2]和炼金术这种最深奥的秘密，
达到工作的巅峰状态时，他们的嗅觉一直都极其
敏锐。随后对炼金术中另一种核心思想，即化学
元素具有嬗变性的确认，也在炼金术思想这种迟
来的胜利中占据着重要位置。考虑到这两种关键
思想在实践和理论方面都具有显著的重要性，故
我们也许可以得出结论说，它们都属于本能的预
期，其魅力则可以根据后来的发展去加以解释[3]。

　　然而我们发现，炼金术不仅逐渐找出了摆脱

---

　　[1]　参见撒迦利亚（Zacharius），《小品》（Opusculum），见
于《炼金术剧场》，第 1 部，第 826 页。

　　[2]　参见《智慧之精合》（Consilium coniugii），见于《炼
金术》（Arschemica），第 259 页。参阅《初升的曙光》（Aurora
consurgens），第 1 部，第 2 章，"因为她（即智慧）是上帝的恩
赐与圣礼，故为神圣之物"（Est namque donum et sacramentum
Dei atque res divina）。

　　[3]　这一点，与"结合"母题的魅力主要归功于其原型特
点的事实并不矛盾。

其神话前提的方法，慢慢演变成了化学，而且变成了一种神秘主义哲学，抑或它向来就是一种神秘主义哲学。"结合"的思想一方面有助于阐明化合作用的奥秘，另一方面又变成了"神秘合一"（unio mystica）的象征，因为它是一种基本的神话主题，表达出了"对立统一"的原型。注意，这些原型并不代表任何外在的、非精神的东西，尽管它们确实把自身意象的具体性归因于从外界获得的各种印象。更确切地说，它们独立于自身可能呈现的外在形式，有时甚至直接与之相对，代表着一种非个体心灵的生命和本质。虽然说这种心灵为每一个体所固有，但它既无法被改变，也无法为个体所支配。它存在于个体身上时，与存在于群体当中且最终存在于每一个人身上并无不同。它是每一种个体心灵的先决条件，就像海洋是单个波浪的载体一样。

炼金术中"结合"这一意象的实践意义，在后来的发展阶段得到了证明；从心理学的角度来看，这种意象同样重要，也就是说，它在探索心灵中的未知领域过程中与它在研究物质之谜的过程中扮演了相同角色。事实上，若非已经具备了令人着迷的力量，从而让研究者把注意力始终集中在那些方向上，它就绝不可能在物质世界中发挥出如此有效的作用。"结合"是一种先验性的意象，在人类的心理发展历史上占有一个重要位置。假如对这种思想追根溯源，我们就会发现，它在炼金术里有两个源头：一个是基督教，另一个则是异教。无疑，基督教源头就是基督与教会、新郎（sponsus）与新娘（sponsa）的教义；其中，基督扮演着太阳神"索尔"（Sol）的角色，教会则扮演着月神"露娜"（Lunae）的角色[1]。至于异教源头，一方面是"神圣婚姻"[2]，另一方面则是神秘主义者与上帝的联姻[3]。这些心理经历以及它们在传统中留下来的痕迹，就解释了奇异的炼金术世界及其神秘语言当中的很多东西；如若不然，我们就完全无法理解它们。

---

[1] 参阅拉纳（Rahner），《月亮的奥秘》（*Mysterium lunae*）中的详细论述。

[2] 我们在克林茨（Klinz）的 *Iepòs γάμos* 一作中找到一系列经典资料。

[3] 参见布塞（Bousset），《灵知的主要问题》（*Hauptprobleme der Gnosis*），第 69 页往后，第 263 页和第 264 页，第 315 页往后；雷瑟冈（Leisegang），《神圣的灵魂》（*Der heilige Geist*），第 1 部，第 235 页。

引 言

　　如前所述，"结合"这一意象始终在人类思想的历史中占据着重要位置。医学心理学的最新发展，已经通过观察神经官能症和精神病患者的心理过程，迫使我们开始日益全面、深入地去研究心理背景，即通常所称的"潜意识"了。尤其让这类研究变得必不可少的，就是心理治疗，因为仅凭身体或者意识当中出现的变化无法解释心理上的各种病态失调这一点，已经不容我们再去加以否认；故我们必须引入第三种解释因素，那就是基于假设的潜意识过程 [1]。

　　实践分析已经表明，潜意识内容首先总是会被投射到具体的人物和情境之上。一旦个体认识到了潜意识内容的主观来源，许多心理投射最终就可以重新整合回个人身上；还有一些心理投射则会抗拒整合，且尽管有可能脱离了最初的投射对象，它们却会因此而将自身转移到医生身上。在这些潜意识内容当中，与异性父亲或者母亲之间的关系，即儿子与母亲、女儿与父亲以及兄弟

────────────

　　[1]　我之所以说潜意识过程"基于假设"，是因为根据定义，潜意识无法直接观察，只能推断出来。

与姐妹之间的关系发挥着特别重要的作用①。通常来说，这种情结无法得到彻底整合，因为医生几乎总是会被病人置于病人的父亲、兄弟甚至是母亲的位置上（但后者无疑较为罕见）。经验业已表明，这种心理投射会一直保持其最初的强度（弗洛伊德认为，这就是病因），从而形成一种在各个方面都与幼儿初期那种人际关系相对应的纽带，同时带有一种将童年时期的所有经历全都在医生身上概括体现出来的倾向。换言之，病人的神经官能失调如今转移到了医生身上②。弗洛伊德率先

---

① 我不打算考虑所谓的同性恋形式，比如父与子、母与女，等等。据我所知，这种变化形式在炼金术里只提及过一次，即在"阿里斯雷幻想"［Visio Arislei，参见《炼金术》（炼金术），第1部，第147页］中："主啊，你虽为王，却管辖不善；因为你明知雄性不能诞下子嗣，却仍然让雄雄相合。"

② 弗洛伊德称："这一工作决定性的部分，是通过在病人与医生的关系之中，即'移情'中创造出原有冲突的新版本来实现的；在这些新冲突中，病人想要用与过去相同的方式行事。……取代病人所患真正疾病的，似乎是一种人为构造出来的移情性疾病，而取代病人性欲中各种非真实对象的，则似为一个单一且在医生身上再度虚构出来的对象。"［参见《精神分析引论》（Introductory Lectures），第3部，第455页］移情是否始终都是人为构造出来的，这一点还值得怀疑，因为它是一种现象，完全可以脱离任何治疗而出现；再则，它也是一种出现得非常频繁的自然现象。事实上，在任何一种亲密的人际关系中，某些移情现象几乎始终都属于有益或者有害的作用因素。

认识和描述了这种现象，并且首创了"移情神经官能症"（transference neurosis）一词①。

这种联系常常极其紧密，因此我们几乎可以称之为一种"化合"（combination）。两种化学物质相结合的时候，二者都会发生变化。移情过程中的情况，正是如此。弗洛伊德正确地认识到，这种联系在心理治疗中极具重要性，因为它会让医生本人的心理健康与患者的神经官能失调结合起来，形成一种"混合化合物"（mixtum compositum）。在弗洛伊德的疗法中，医生会尽力防止移情——从人性的角度来看，这种做法是

---

① "只要病人表现出充分的依从性，足以尊重心理分析所必需的条件，我们通常就能成功地给疾病的所有症状赋予一种新的移情意义，并且用一种'移情性神经官能症'取代病人所患的普通神经官能症……"［参见《记住、反复与彻底解决》（*Remembering, Repeating, and Working-Through*），第 154 页］在这里，弗洛伊德描述得有点儿过度。移情绝非总是医生的作用。往往医生还没开口，移情作用就全面展开了。就神经官能症患者的移情同样属于一种神经官能症这一点而言，弗洛伊德认为移情属于"旧疾的新版本""新创和变形的神经官能症"，或者一种"新的人为神经官能症"的观点是正确的［参见《精神分析引论》，第 3 部，第 444 页］；不过，这种神经官能症既不是新的、人为的，也不是创造出来的：它仍是原来的神经官能症，其中唯一一个新的方面就是此时医生也卷入了这个漩涡，且更像是它的受害者，而不是它的创造者。

很好理解的，只不过在某些情况下，它也有可能严重削弱治疗的效果。医生必然会受到一定程度的影响，甚至有可能损及其精神健康[1]。医生几乎就是"接管"了病人的痛苦，并且与病人一起分担着这些痛苦。因此，医生面临着一种风险——而从事物的本质来看，他也必须面对这种风险[2]。1907 年我们首次私人会面的时候，我就看出了弗洛伊德对移情现象的极其重视。我们持续交谈了好几个小时之后，便停了下来。突然，他出其不

---

[1] 弗洛伊德已经发现了"反移情"（counter-transference）现象。熟悉其疗法的人会意识到，其中有一种明显的倾向，那就是尽量不让医生本身受到反移情作用的影响。因此，医生喜欢坐在患者的背后，还会伪称移情是其治疗方法的产物；可实际上，移情完全是一种自然现象，既有可能发生在他身上，也有可能发生在老师、牧师和全科医生身上，最后但同样重要的是，它还有可能发生在病人的丈夫身上。弗洛伊德还把"移情神经官能症"一词当成了歇斯底里症、狂躁恐惧症以及强迫性神经官能症的统称（《精神分析引论》，第 3 部，第 445 页）。

[2] 这种情况对医生或者护士产生的影响，有可能非常深远。我知道有一些病例，其中的医生在治疗患者的边缘型精神分裂症时，确实"接管"了短暂的精神病间隔期，而在这些间隔期里，病人的感觉会比平时更好。我甚至碰到过一个诱发型妄想症的病例，是一位医生为一名处于迫害妄想症潜伏初期的女患者实施心理分析时发生的。如果医生本人在这个方面具有一种潜在的倾向，那么某些心理疾病可能会极具传染性，而医生患上诱发型妄想症也就不那么令人感到震惊了。

意地问我道："您怎么看待移情呢？"我深信不疑地回答说，它是精神分析法中最重要的组成部分；听到这话，弗洛伊德回答道："这么说，您算是抓住了重点。"

移情的重要性，常常导致人们形成了一种错误的观点，以为移情对治愈而言是绝对必要的，甚至可以说必须要求患者产生移情。不过，移情这种事情就像信仰一样，是不能强求的；只有出于自发，移情才具有价值。强加的信仰，不过是一种精神束缚罢了。凡是以为自己必须"要求"移情的人，都忘记了移情只是治疗因素之一，而"移情"一词也与"投射"非常相似，属于一种不可能强求得来的现象 [1]。就个人而言，我向来乐意看到治疗中只出现轻度的移情，或者移情现象几

---

① 弗洛伊德本人曾经说过："我很难想象，世间还有什么事情会比这个更加愚蠢。如此一来的话，精神分析师就会剥夺这种现象中极具说服力的自发性要素，并且给自己的未来设置了种种难以克服的障碍。"［参见《移情之爱的观察》（ *Observations on Transference-Love* ），第 380 页］在这里，弗洛伊德强调了移情的"自发性"，与上文引述的观点相左。然而，那些"要求"移情的人还是可以求助于这位大师的下述神秘之语："如果深入探究分析疗法的理论，我们就会看出，移情就是'必须要求才能得到的东西'。"［参见《一个歇斯底里病例的分析片段》（ *Fragment of an Analysis of a Case of Hysteria* ），第 116 页］

乎察觉不到的局面。那样的话，我们对一个人提出的要求就会少得多，而我们也完全可以利用其他具有治疗效果的因素。在这些因素中，病人自己的深入洞察发挥着重要的作用；另外，病人的善意以及医生的权威、心理暗示[①]、好的医嘱[②]、理解、同情、鼓励等等，也是如此。当然，较为严重的病例不属于这一类。

对移情现象进行的仔细分析，为我们描绘了一幅极其复杂的图景；它具有一些极其惊人的显著特征，以至于我们常常情不自禁地挑出其中最重要的一点，然后大声解释说："当然了，它不过就是……罢了！"我所指的，主要是移情幻想中的情欲或者性行为方面。不可否认，移情幻想中确实存在这个方面；但是，移情当中并非始终只有这个方面，它也并非始终都是一个必不可少的方面。其中还有一个方面，那就是"权力意志"；

---

① 心理暗示会自行发生，医生既无力阻止，也不能轻易引发。

② "好的医嘱"常常是一种不可靠的疗法，但通常并不危险，因为它几乎没有什么效果。它是公众对"医学人格"（persona medici）怀有的期待之一。

事实证明，权力意志与性欲共存，而我们通常也很难判断，二者之间究竟是哪一方占据着主导地位。仅凭这两个方面，就为产生一种令人丧失思维能力的矛盾提供了充足的理由。

然而，还有一些其他形式的本能性私欲（concupiscentia），它们更多地源自"渴求"、源自占有欲；再则，还有一些则以本能地否定欲望为基础，以至于这种病人的生活似乎是建立在恐惧或自我毁灭之上。只要出现某种精神失常（abaissement du niveau mental），即自我意识层级中的一种弱势，就足以启动这些本能的冲动与欲望，并且导致一种人格分裂，换言之，就是会大大增加人格重心的数量。（精神分裂症中，存在一种真正的人格分裂。）我们必须根据这些动态组成要素所占优势的程度，把它们视为实际存在的要素或者症候性要素、至关重要的决定性要素或者纯属并发性的要素。尽管一些最强烈的本能无疑会要求获得具体实现，并且通常会付诸实施，但它们不能被视为纯粹的生物学本能，因为它们实际遵循的进程会受到源自人格本身的大力修正。假如一个人的性格气质让他倾向于持有某种精神态度，那么，就算是本能的具体活动也会呈现出某种象征性特点。这种活动不再只是对本能冲动的满足，因为它如今与"意义"关联了起来，或者因"意义"而变得复杂化了。在本能的进程纯属并发性的情况下，由于这种进程并不要求同等程度的具体实现，所以它们得到满足的象征性特点就会表现得更加显著。在情色现象学里，我们能够看到一些最生动地说明这些复杂情况的例子。古典时代晚期的情色分为四个阶段：厄娃（Hawwah）[①]、（特洛伊的）海伦（Helen）、圣母玛利亚（Virgin Mary），以及索菲亚（Sophia）。歌德（Goethe）所撰的《浮士德》（*Faust*）一作的人物身上，就重现了这四个阶段：格雷琴（Gretchen）是一种纯属本能性关系的化身（夏娃）；海伦是一个"阿尼玛"（anima）人物[②]；玛利亚是"神圣"关系的象征，亦即基督教或者

---

① 厄娃（Hawwah）为希伯来文，原指"众生之母，卓越的女性，生命之源"等义，就是英文中的 Eve。——译者注

② 西蒙·马古（Simon Magus）笔下的海伦［即塞勒涅（Selene）］，则是另一个极佳的例子。

宗教关系的化身；"永恒的女性"则是炼金术中"智慧"（Sapientia）的一种表达。正如命名法所示，我们面对的是四个阶段中的异性恋爱神厄洛斯（Eros）或者"阿尼玛"形象，所以也会涉及爱神崇拜的四个阶段。第一个阶段——厄娃、夏娃、泥土——属于纯粹的生物学阶段；女性等同于母亲，仅仅代表着需要受精的东西。第二阶段仍然为代表着性爱的厄洛斯所主宰，但上升到了审美与浪漫的层面；在这个层面上，作为个体的女性已经获得了一定的价值。第三个阶段则把厄洛斯提升到了宗教虔诚的高度，从而令其精神得到了净化：厄娃已经被精神上的母性取而代之。最后，第四个阶段阐明了某种出乎意料地超越了原本几乎无法逾越的第三阶段的东西，那就是智慧。不过，智慧又如何能够超越最神圣与最纯洁之物呢？大概只是因为有的时候"越少就意味着越多"这一真理吧。这个阶段代表着海伦的精神化，因此也代表了爱神厄洛斯的精神化。人们之所以认为智慧可与《圣经·雅歌》中的书拉密（Shulamite）相媲美，原因就在于此。

2

不同的本能之间非但无法被强行相互还原，而这些本能的活动层面也各不相同。鉴于这是一种远非简单的情况，所以移情——它在某种程度上也属于一种本能进程——极难阐释和评估，就是不足为奇的事情了。各种本能及其特定的幻想内容，都兼有具体性和象征性（即"不真实的"），有时很具体，有时则具有象征性，并且在投射之时，它们都会呈现出相同的矛盾特征。移情绝对不是一种简单的现象，并非只有一种意义，而我们也永远无法事先弄清楚它的全部真谛。它的具体内容也是如此，即通常所谓的"乱伦"（incest）。大家都知道，我们既可以把本能的幻想内容阐释成"标志"（signs），阐释成本能的自画像，即采用还原解析法，也可以将它们阐释成"象征"（symbols），阐释成自然本能的精神意义。在前一种情况下，本能进程会被视为"真实的"；而在后一种情况下，本能进程则会被视为"不真实的"。

但在任何特定的情况下，我们常常几乎不可能指出何为"精神"、何为"本能"。二者会结合起来，形成一团不可穿透的物质、一团名副其实的岩浆，从原始混沌的深渊之中喷涌而出。碰到这样的内容时，我们立即就会理解，神经官能症患者的精神平衡为什么会受到干扰，而精神分裂症患者的整个心理系统为什么会四分五裂了。它们散发出一种魔力，不但会紧紧抓住患者——实际上已经牢牢掌控了患者，而且会对不偏不倚的旁观者（在这里就是医生）的潜意识产生诱导作用。这些属于潜意识且混乱不堪的内容所带来的负担，会沉重地压在病人身上；因为尽管存在于每一个人身上，它们却只会在病人身上才变得活跃起来，让病人陷入一种精神孤独之中，不但病人自己和其他任何人都理解不了这种孤独，还注定会对其做出错误阐释。遗憾的是，如果没有摸索着进入那种处境之中，并且纯粹地从外部去接近它，我们就很容易轻描淡写地不予理会，或者将它推向错误的方向。病人自己长期以来就是这样干的，从而让医生极有可能做出错误的解读。

起初，秘密似乎在病人的父母身上，但当这种纽带被松开、病人的心理投射被撤回之后，所有的压力便落到了医生身上，而医生就会面对这样一个问题："您打算如何处理这种移情呢？"

通过自愿和自觉地接管病人的精神痛苦，医生就会让自己暴露在病人那些令人无法抵抗的潜意识内容面前，并且因此也会暴露在它们的诱导性作用面前。病例开始"迷住"医生。在这里，我们同样很容易根据个人的好恶来解释这一点，可我们却会忽视一个事实：这种情况，将是"解释得比原来更加难懂"（ignotum per ignotius）的一个例子。在现实中，这些个人感受的存在若是达到了决定性的程度，就都是取决于那些已经激活的、相同的潜意识内容。一种潜意识联系确立起来了；此时在病人的幻想中，这种联系就会呈现出文献资料中业已大量描述过的所有形式与维度。通过把一种激活了的潜意识内容让医生去背负，由于心理投射中或多或少会产生一种诱导效应，病人就会把医生身上相应的潜意识素材聚集起来。如此一来，医生和病人就会发现，他们之间形成了一种以共同的潜意识为基础的关系。

医生很难让自己认识到这个事实。我们当然不愿意承认自己可以受到任何一位病人用最个人化的方式造成的影响。不过，这种情况越是不自觉地发生，医生就会越情不自禁地采用一种"预防性的"态度，而他借以藏身的"医学人格"则成了达到这一目的的出色工具，或者更准确地说，似乎成了达到这一目的的出色工具。与此种人格密不可分的，就是医生的日常工作，以及他预先了解一切的窍门；这种窍门，是所有博学的医生与所有可靠的权威最喜欢仰仗的手段之一。然而，这种自知力欠缺却像一名生了病的顾问，因为潜意识的感染会带来对转移到了医生身上的疾病进行治疗的可能性——这种可能性，不应被低估。我们必须理所当然地认为，医生更有能力让那些聚集起来的内容变成意识，否则的话，这种可能性就只会导致医患双方都一起被束缚在相同的潜意识状态中。这里最棘手的问题就在于，医生身上通常可能一直潜藏着的潜意识内容常常会被激活。医生可能相当正常，根本无需这样的潜意识角度来补偿他的意识情境。至少，情况经常看似如此；只不过从更深层的意义来看，情况究竟是否如此，还是一个悬而未决的问题。想必，医生曾经有充分的理由，故而选择了精神科医生这一职业，并且对治疗神经官能症特别感兴趣；如果没有对自己的潜意识进程获得一定程度的深入洞察，他是根本无法做到这一点的。医生对潜意识的关注，也无法完全用一种自由的兴趣选择来加以解释；更准确地说，是因为医生具有一种原本就让他倾向于从事医疗职业的宿命性格。一个人对人类的命运了解得越多，对人类行为的秘密源头研究得越深入，就越会对潜意识动机的力量和自由选择的局限性留下深刻印象。医生知道——起码也是应该知道——自己并不是在偶然之间选择了这一职业；心理治疗师尤其应当清楚地认识到，无论在他看来多么多余，心理感染实际上都是他的工作中注定存在的伴随现象，因而完全符合他自身生命的本能性情。这种认识，还会让他用正确的态度去对待病人。于是，病人对医生个人来说就具有了某种意义，而这一点则会为治疗打下最有利的基础。

3

在精神分析法出现之前的旧心理疗法中，我们追溯到"浪漫主义时期"的医生就可以看出，移情早已被定义为"融洽"（rapport）了。一旦病人最初的心理投射消失，移情就构成了治疗作用的基础。在这种作用中，我们可以清楚地看出，心理投射也有可能让医生的判断变得晦涩难解——当然，晦涩的程度会较轻，因为不然的话，所有治疗都不可能进行下去。尽管我们可以无可非议地期待医生至少熟知潜意识对他本人的影响，并且我们可以要求任何一个打算从事心理治疗职业的人首先都应接受精神分析培训，但即便是做好最充分的准备工作，也不足以教给他关于潜意识的一切知识。彻底"清空"潜意识是不可能的，就算仅仅因为潜意识的创造力在不断地产生新的组成部分，也是如此。无论意识涵盖的范围可能有多广泛，它都必须始终是潜意识这个"大圆圈"里面的一个"小圆圈"，宛如一座被大海环绕的岛屿；而且，潜意识像大海本身一样，也会产生无穷无尽、自行补充的大量生物，故而是我们无法洞悉的一种财富。我们可能早已了解到了潜意识内容的意义、影响和特征，但从来没有去探究过它们的深度与潜力，因为它们变化无限，并且永远不可能受到削弱。在实践中理解它们的唯一办法，就是努力获得一种意识态度；这种态度，让潜意识能够与意识合作，而不是被推到意识的对立面。

连经验最丰富的心理治疗师，也会一再发现自己受到了束缚，陷入了一种以共同的潜意识为基础的结合当中。尽管治疗师可能相信自己掌握了所有涉及群集性原型的必要知识，但他最终还是会认识到，实际上还有很多东西是学术知识中从来没有考虑过的。每一个需要缜密治疗的新病例，都是一项开拓性的工作，而每一条常规的小径，到头来却会是一条死胡同。因此，高级心理治疗是一件要求最为严苛的事情，有时它设定的任务不但会挑战我们的理解力或同理心，还会对完整的人构成挑战。医生往往会要求病人付出这种孤注一掷的努力，但医生须认识到，只有明白同样的要求也适用于他自己，这种做法才会发挥作用。

我在前文中说过，一般而言，进入移情中的内容最初会被投射到父母或者其他家人的身上。由于事实上这些内容中很少或者从不缺乏情欲特点，或者本质上真正与性欲相关（除了业已提及的其他因素），所以它们无疑都带有一种乱伦特征；这一点，又促生出了弗洛伊德的乱伦理论。它们对医生的异族通婚式移情，并不会改变这种局面。医生不过是经由心理投射，被卷入了家庭乱伦的独特氛围中罢了。这就必然会导致一种不真实的亲密关系，既会让医生和病人深感烦恼，也会让双方产生抵触心理和疑虑之情。大力否定弗洛伊德最初的发现，这种做法会让我们一无所成，因为我们面对的是一种可以由经验加以证明的事实，它受到了普遍确认，只有无知者才会仍然试图去加以反对。不过，就病例的性质而言，对这一事实的阐释却极具争议性。它是一种真正的乱伦本能，还是一种病态的变化呢？乱伦是不是权力意志的"安排"（阿德勒）之一呢？它是不是因为害怕一种显然无法完成的人生任务，而让正常的性欲①退化到了婴儿时期的水平呢？②所有的乱伦幻想是不是纯属象征性的，因而重新激活了在人类思想史上发挥着重要作用的乱伦原型呢？

对于这些大相径庭的阐释，我们全都可以整理出一些多少会令人满意的论据来。很有可能导致最多反对意见的观点，就是乱伦属于一种真正的本能。不过，鉴于世间普遍存在乱伦禁忌，我们可以合乎逻辑地说，人们不喜欢和不希望发生的事情通常并不需要加以禁止。在我看来，每一种这样的阐释都具有一定程度的合理性，因为单

---

① 读者会明白，我认为弗洛伊德最初提出的"力比多"（libido）一词并非是指"性欲"（appetitus sexualis），而应指一种"欲望"，后者可以被定义为一种心灵能量。参见《论心灵能量》（*On Psychic Energy*）。

② 这是我在《精神分析理论》（*The Theory of Psychoanalysis*）一作中为解释某些进程而提出的观点。

个病例中存在所有对应的意义差别，只是它们的强度各不相同而已。有时是一个方面占据主导地位，有时又是另一个方面占据主导地位。我绝对不会鲁莽断言，说上述名单无法进一步加以补足。

然而，在实践中，最重要的却是如何去理解乱伦这个方面。根据病例的性质、所处的治疗阶段、病人的洞察力及其判断的成熟程度，对乱伦的解释也各不相同。

乱伦要素的存在，不但会涉及一种思维难题，而且最糟糕的是，它还会涉及治疗情境中的一种情感复杂性。它既是所有最隐秘、最痛苦、最强烈、最脆弱、最令人惭愧、最心虚、最丑陋、最不道德的情感的藏身之所，同时也是神圣情感的藏身之所；这些情感构成了难以形容、无法解释的丰富人际关系，并且为它们赋予了不可抗拒的力量。它们就像章鱼的触手一样，无形地缠绕在父母和子女身上，并且通过移情作用，缠绕在医生与病人身上。这种束缚力量，会自行体现在神经官能症症状不可抗拒的力量和顽固难治，以及病人对儿时世界或者对医生的拼命依附中。"占有"一词，就用一种最好的方式描绘了这种状态。

潜意识内容产生的显著效果，就让我们能够推断出某种关于其所具能量的东西。所有的潜意识内容一旦被激活——也就是让它们自身被我们感受到——就好像拥有了一种特殊的能量，能够让它们在各个地方（例如在乱伦母题中）自行表现出来。但是，这种能量通常还不足以将潜意识内容强行塞进意识当中。为此，意识当中必须具有某种倾向，即一种以能量损耗形式存在的欠缺。如此损耗的能量，会提高潜意识中某些补偿性内容的心灵潜能。精神失常，亦即损耗给意识的能量，是一种在原始民族的"丢魂失魄"中表现得最显著的现象；原始民族也拥有一些很有意思的心理治疗方法，来重新俘获迷失了的灵魂。这里不适合详细论述这些问题，所以稍加提及就足够了[①]。在文明人当中，我们也可以看到类似的现象。文明人也很容易无缘无故地突然丧失主观能

---

① 请对照弗雷泽（Frazer），《禁忌与灵魂的危险》（*Taboo and the Perils of the Soul*），第 54 页及以后的内容。

动性。发现真正的原因并不是一件容易的事情，通常会导致我们对隐藏在背景中的一些方面展开一种有点儿棘手的探讨。各种粗心大意、玩忽职守、延迟完成任务、故意违抗等等，全都能够严重抑制文明人的活力，以至于一定的能量无法再找到有意识的宣泄口，从而流入了潜意识中的程度；它们在潜意识里会激活其他一些具有补偿作用的内容，而后者反过来又会开始对意识施加一种难以遏制的影响。（因此，一个人集极端的玩忽职守和强迫症于一身，就成了一种极其常见的现象。）

这是能量损失可能出现的一种方式。另一种损失方式则不是通过意识故障，而是通过潜意识内容的"自发"激活导致的，后者会对意识产生继发性的影响。人生当中，总有翻开崭新一页的时候。我们会出现此前一直没有关注过的新兴趣和新倾向，或者性格突然出现了变化（即所谓的性格突变）。在这样一种变化的潜伏期里，我们常常可以看到意识能量的流失：新的发展从意识中吸取了它所需的能量。在某些精神疾病发作之前，以及创造性工作之前那种空虚的沉静状态之中，我们都可以极其清晰地看到这种能量的降低[①]。

因此，潜意识内容的显著效力往往表明了意识及其功能中一种与之对应的不足。就好像后者面临着无效的危险一样。对原始人而言，这种危险就是"魔法"最令人觉得恐惧的例子之一。所以，在文明民族中为什么也能看到这种隐秘的恐惧心理，我们就能够理解了。在严重的情况下，这是对发疯的隐秘恐惧感；在不那么严重的情况下，它则是对潜意识的恐惧感——这种恐惧感，连正常人对一些心理学观点和解释产生抵触情绪时也会表现出来。就探究艺术、哲学和宗教上的所有心理学解释而言，这种抵触情绪更是近乎荒诞可笑，就好像人类的心灵曾经或者理应与这些方面完全无关似的。在门诊咨询期间，医生就会了解到这些防守严密的区域：它们会让人联想到岛屿上的要塞，神经官能症患者试图躲在里

————————————

① 在任何一种特定的精神活动（比如考试、讲座、重要的面试等）之前表现出来的忧虑与沮丧情绪中，我们也可以看到相同的现象，其规模虽然较小，却同样清晰。

面，以此来抵挡那条"章鱼"。（我的一位病人，就曾把他的意识状态称为"快乐的神经官能症之岛"！）医生会充分认识到，病人需要一座岛屿；没有这样的一座岛屿，病人就会不知所措。它既是病人意识的避难所，也是病人对抗潜意识危险的最后堡垒。正常人的禁忌区域也是如此，并不允许心理学去触及。不过，由于没有哪场战争是靠防御手段打赢的，所以为了结束敌对状态，一个人就必须与敌人展开谈判，看一看敌人的条件究竟是什么。自愿充当"调停者"的医生，其目的就在于此。他绝对不想去干扰那座"岛屿"上有点儿岌岌可危的田园生活，也不会希望摧毁上面的"防御工事"。相反，他会心存庆幸，因为某处毕竟有一个稳固的立足点，不需要他首先去从混乱中搜寻出来，因为这种搜寻往往是一项极其棘手的任务。他知道这座"岛屿"有点儿狭窄，上面的生活也相当艰苦，并且深受各种假想欲望的困扰，因为太多的生活都被留在了岛外，结果就创造出了一头可怕的怪物，或者更确切地说，是从其沉睡当中唤醒了这头怪物。他还知道，这头看似令人恐惧的野兽与岛屿之间存在着一种隐秘的互补关系，能够提供岛上欠缺的一切。

然而，移情会改变医生的心理状态，尽管一开始时，医生察觉不到这种改变；医生也会受到感染，并且像病人本身一样，很难将病人和掌控他的东西区分开来。这种情况，会导致双方都必须直接面对潜藏在黑暗之中的各种邪恶力量。由此导致的积极与消极、信任与恐惧、希望与疑虑、吸引与排斥相交织的矛盾心理，就是医生与病人之间最初关系的典型特征。它就是元素之间的"爱恨情仇"，炼金术士曾把它比作原始的混沌状态。被激活的潜意识会像大量获得了解放的对立物，要求我们努力去调和它们；如此，用炼金术士的话来说，那种伟大的灵丹和"天主之药"（medicina catholica）就有可能诞生。

4

必须强调的是，在炼金术中，"黑化"（nigredo）最初的那种黑暗状态常常被视为前一次操作的产物，因此它并不代表着绝对的开始①。同样，与"黑化"相似的心理作用也属于此前的初步交谈带来的结果；这种交谈，会在某个时刻（有时是长久拖延之后）"触及"潜意识，并且确立医生与患者两人之间那种潜意识的一致性②。这个时刻虽然有可能被自觉地感受到和记录下来，但它通常出现于意识之外，而由此确立起来的联系，也只有到了后来才会由其结果间接地辨识出来。在这种时候，病人偶尔会做梦，从而表明出现了移情作

---

① 在人们把"黑化"与"腐化"（putrefactio）等同起来的地方，"黑化"并不会一开始就出现，如我们从《哲人的玫瑰园》（Rosarium philosophorum）中选取的系列画作里的图 6 所示（参见《炼金术》，第 2 部，第 254 页）。在米利乌斯（Mylius）的《哲学改革》（Philosophia reformata）第116 页中，"黑化"只出现在第 5 级作用上，也就是"在炼狱（Purgatory）的黑暗中被颂扬的腐败"过程中（putrefaction, quae in umbra purgatorii celebratur）；但接下来（第 118 页），我们又读到了与此相矛盾的一句："此种'黑化'（denigratio）是作用之始，是腐化的标志"（Et haec denigratio est operis initium, putrefactionis indicium），等等。

② "潜意识的一致性"（Unconscious identity）与勒维·布留尔（Lévy-Bruhl）的"神秘参与"（participation mystique）相同。请参照《原始思维》（How Natives Think）。

用。例如，一个梦的内容可能是地下室起火了，或者一名窃贼闯进了家里，或者病人的父亲去世了，或者有可能描绘了一场性爱或者其他某种模棱两可的情境①。从这种梦出现的那一刻起，病人可能会启动一种古怪的潜意识时间推算，它会持续数个月，甚至更久。我经常观察到这一过程，并会举一个实例来进行说明。

在治疗一位年过六旬的老太太时，我被她在1938年10月21日所做的一个梦中的下面这段描述搞糊涂了："一个漂亮的小孩子——是一个6个月大的女孩——正在厨房里跟她的爷爷奶奶、我，还有她的母亲一起玩耍。爷爷奶奶在房间左侧，孩子则站在厨房中央的方桌上。我站在桌旁，跟孩子一起玩。老太太说，她简直不敢相信，我们认识那个孩子才6个月的时间。我说这不奇怪，因为早在这个孩子出生的很久以前，我们就认识并且爱着她了。"

我们马上就会看出，那个孩子有点儿特殊，即一个儿童英雄或者圣童。梦中没有提到孩子的

---

① 在我的《个性化过程研究》（*A Study in the Process of Individuation*）一作的图2中，可以看到用一道闪电和一种"石生"形式对这种时刻进行的形象化描述。

父亲，此人的缺席，属于一个方面的情况[1]。厨房是事件发生的场所，指向的就是潜意识。方桌代表四位一体（quaternity），是"特殊"儿童的经典基础[2]，因为孩子是自我的一种象征，

---

[1] 因为他属于"未知的父亲"，是我们会在诺斯替教（Gnosticism）中看到的一种主题。参见布塞，《灵知的主要问题》（*Hanptproblema der Gnosis*），第 2 章，第 58—91 页。

[2] 请对照尼格老·冯物洛（Nicholas of Flüe）关于方形容器中升起三重喷泉的幻象［参见拉沃（Lavaud），《尼格老·冯物洛的丰富生活》（*Vie profonde de Nicolas de Flue*），第 67 页，以及斯托克利（Stöckli），《蒙福的克劳斯修士的异象》（*Die Visionen des seligen Bruder Klaus*），第 19 页］。诺斯替教的一部经文中称："在第二个父（性）中矗立着五棵树，其间有一张餐桌。餐桌之上，立着一个独生之词。"［参见贝恩斯，《科普特诺斯替教专论》（*A Coptic Gnostic Treatise*），第 70 页］"餐桌"（trapeza）一词是 τετράπεζα 的缩写，指一种有四条腿的桌子或者讲桌（同上，第 71 页）。请对照爱任纽（Irenaeus），《反异端》（*Contra haereses*），第 3 部，第 11 页，他在其中将"四重福音"与以西结（Ezekiel）幻象中的四位基路伯、世界的四个地区以及四种风进行了对比："从中可以清晰地看出，他是万物的创造者，是坐在基路伯的上方并将万物结合起来的圣经（逻各斯），赐予我们四重福音，纳于一颗灵魂之中。"

关于厨房，请参照拉沃，《尼格老·冯物洛的丰富生活》，第 66 页，以及斯托克利，《蒙福的克劳斯修士的异象》，第 18 页。

而四位一体则是这一点的象征性表达。这种自我不受时间影响，在诞生之前就已存在[①]。做梦者深受印度作品的影响，熟知"奥义书"（Upanishads），却并不熟悉我们在此所讨论的中世纪的基督教象征主义。孩子的年龄很精确，所以我要做梦者去查一查她的笔记，看6个月之前她的潜意识中发生了什么事情。在1938年4月20日那天的笔记中，她发现自己那天做了这样一个梦：

"我和其他几个女人正在看着一块挂毯，挂毯呈正方形，上面有一些象征性的人像。紧接着，我又跟几个女人坐在一棵奇树前面。树长得巍峨高大，乍一看去，似乎是某种针叶树；可接下来，我在梦中又认为它是一棵猴谜树，树枝往上长得笔直，犹如一根根蜡烛。树中巧妙地嵌着一棵圣诞树，乍看上去就像一棵树，而不是两棵。"就在做梦者醒来后立即把梦的内容记下来，眼前还浮现着那棵树栩栩如生的模样时，她却突然心生异象，看到一个小小的金童躺在那棵树下（树生母

---

① 这不是一种形而上学的陈述，而是一个心理事实。

题）。如此，她就是在继续梦见自己梦中的感受了。这个梦，无疑就是描绘了圣童（即"金童"）的诞生过程。

不过，1938 年 4 月 20 日之前的那 9 个月里，又发生了什么呢？在 1937 年 7 月 19 日到 22 日之间，她画过一幅画，画的左侧是一堆五颜六色的光滑石头（宝石），上面盘踞着一条长着翅膀、头戴王冠的银蛇。画的中央站着一位裸体的女性形象，有一条相同的蛇从她的生殖器后面往上，一直朝心脏部位而去，然后在那里变成一颗金光闪闪的五角星。一只五彩斑斓的小鸟从右侧飞下，喙中衔着一根小枝。树枝上有 5 朵花，排成"四位一体"（quaternio）的样子，其中一朵是黄色、一朵是蓝色、一朵是红色、一朵是绿色，而最上面那一朵则是金色的——显然是一种曼陀罗① 结构②。蛇代

---

① 曼陀罗（mandala），佛教中用以代表宇宙的圆形图，亦指供奉菩萨像的清净之地，故亦译"坛场"，指一切圣贤与功德的聚集之处。——译者注

② 关于开花的树枝上的小鸟，参见下文中的图 2 和图 3。

表着昆达里尼①吐着信子嘶嘶作响地上升，而在对应的瑜伽中，这标志着一个以神圣自我的神化、湿婆与莎克蒂②会合而告结束的过程里第一个瞬间③。它显然是一个象征性的受孕时刻，既有密宗的特点，而且由于其中有鸟，故又有基督教的特点，是"天使报喜"这种象征与诺亚的鸽子以及橄榄枝的结合。

这个病例，尤其是最后一种意象，就是一个典型的例子，说明了标志着移情开始的那种象征。诺亚的鸽子（和解的象征）、神的化身（incarnatio Dei）、上帝为了诞生救世主而与物

---

① 昆达里尼（Kundalini），印度瑜伽观念中一种有形的生命力，它蜷曲在人类的脊椎骨尾端，常以女神或者沉睡的蛇来作为其象征，亦译"军荼利""灵量"或"拙火"。印度的瑜伽修行者认为，修炼瑜伽可以唤醒沉睡在身体中的昆达里尼，使之通过"中脉"，最终到达"梵我合一"的境界。——译者注

② 湿婆（Shiva），印度教三大主神之一的毁灭之神，兼具生殖与毁灭、创造与破坏双重性格，会呈现各种奇谲怪诞的相貌；莎克蒂（Shakti），印度教中的性力女神，亦指女性的生殖器官。激发昆达里尼，使之上行到人体的顶轮，即湿婆大神的所在地，使之与性力女神合一，是印度瑜伽的终极目标。——译者注

③ 参见阿瓦隆（Avalon），《蛇的力量》（The Serpent Power），第345、346页。

质的结合、蛇的路径、代表日月中间那条界线的"中脉"（Sushumna）——这一切，全都属于一种尚未完成以对立面的统一而告结束的计划中第一个先行性的阶段。这种统一，类似于炼金术中所称的"皇室联姻"。初期性事件象征着不同对立面的会合或者冲突，因而可以恰如其分地称之为混沌与黑暗。如前所述，这种情况可能出现在治疗之始，或者可能必须先进行一段漫长的精神分析，即经历一个建立友善关系（rapprochement）的阶段之后才有可能出现。当病人表现出强烈的抵触情绪，同时对潜意识中被激活的内容心存恐惧时，情况就尤其如此了①。病人有合理和

————————————

① 我们都知道，弗洛伊德是从人格心理学的角度来观察移情问题的，因而忽视了移情的本质，即一种原型本质的集体内容。这是因为，他对原型意象的心理现实持有一种众所周知的消极态度，并将其斥之为"幻觉"而不予考虑。这种唯物主义偏见妨碍了他对现象学原理的严格应用；可没有现象学原理，我们就绝对不可能客观地去研究心理。我对移情问题的处理不同于弗洛伊德，其中包括了原型这个方面，因而形成了一种完全不同的局面。就其纯粹的人格前提来看，弗洛伊德对这个问题的理性处理是相当合乎逻辑的，但无论是在理论上还是在实践中，它们都不够深入，因为它们没能公正地对待原型数据的明显混合。

充分的理由产生这种抗拒心理，但在任何情况下，我们都不应蛮横地置之不理，或者认为它们并不存在。它们也不应当受到轻视、贬低，或者变得荒唐可笑；相反，我们应当极其严肃地对待它们，将其视为一种至关重要的防御机制，可以对抗那些往往很难加以约束的、无法抵抗的内容。一般而言，意识态度的劣势与抗拒心理的优势应成正比。所以，病人出现强烈的抵触情绪时，医生就必须仔细留意他与病人之间那种有意识的融洽关系；在某些病例中，病人的意识态度还必须获得一定的支持，以至于考虑到后来的发展，医生肯定会责备自己前后严重不一致的程度。这是不可避免的，因为医生永远都无法太过肯定地说，事实最终会证明，病人意识的脆弱状态与随后潜意识发起的攻击强度相当。事实上，一个人必须继续支持其意识态度（或者是弗洛伊德所认为的"抑制"态度），直到病人能够让那些"受到抑制"的内容自发地浮现出来。假如病人身上恰巧有一种事先无法察觉出来的隐性精神病①，那么，这种谨慎的治疗过程就有可能防止潜意识的毁灭性入侵，或者起码也能及时察觉到潜意识的入侵。那样的话，不管怎样，医生都会问心无愧，因为他知道自己已经尽了力，避免了一种致命的后果②。此外，说意识态度的持续支持本身就具有极高的治疗价值，经常有助于带来令人满意的治疗效果，这种观点也并非不中肯。认为分析潜意识是唯一的灵丹妙药，因而应当运用到每一个病例中去，却是一种危险的偏见。这就好比是一场外科手术，我们只有在其他方法都没有奏效的情况下，才应该去动刀子。只要潜意识本身没有强行介入，我们最好是不去理会。读者应当十分清楚，我对移情问题的探讨并非是描述心

---

① 隐性精神病与显性精神病之间的数值比例，大致与隐性肺结核与恶性肺结核病例之间的比例相当。

② 弗洛伊德提到过的病人对理性解决移情问题的办法所产生的强烈抵触情绪，常常是这样一个事实导致的：在某些显著的性欲移情形式中，隐藏着一些集体潜意识的内容，它们会不服从所有的理性解决办法。或者，就算这种解决办法获得了成功，病人也会与集体潜意识割裂开来，并且觉得那是一种损失。

理治疗师的日常工作，而更多的是描述意识正常施加于潜意识的遏制作用遭到破坏之后发生的情况，尽管这种情况根本不一定会发生。

在一些病例中，移情的原型问题会变得十分危险，但它们并非总是"严重"的病例，即病情并不严重。其中当然也有这种严重病例，但同时还有一些轻度的神经官能症，或者仅仅是我们根本无从诊断出来的心理障碍。可奇怪的是，给医生带来最棘手麻烦的，却正是后面这样的病例。患有这种疾病的人常常承受着难以言说的痛苦，却并未出现任何会让他们有资格被称为病人的神经官能症症状。我们只能称之为一种强烈的痛苦、灵魂的一种苦难，却不能称之为精神上的疾病。

5

一种潜意识内容一旦群集起来，往往就会通过心理投射创造出一种虚幻的氛围，要么导致持续不断的错误诠释与误解，不然就是导致一种极其令人不安的融洽印象，从而瓦解医生与病人之间那种有意识的信任关系。后者甚至比前一种情况更加棘手，因为前者在最糟糕的情况下（但有时也是最好的情况！）也只是有可能妨碍到治疗罢了，可在后一种情况下，我们却需要付出巨大的努力去发现差异点。不过，在两种情况下，潜意识的群集都是一个麻烦因素。病情被一种迷雾所包围，而这一点也完全符合潜意识内容的性质：诚如炼金术士所言，它是一种"比黑色更黑的黑色"（nigrum, nigrius nigro）[①]，而且充满了危险的、截然不同的张力，带着"元素的敌意"（inimicitia elementorum）。一个人会发现自己深陷于一种不可穿透的混沌之中，而混沌实际上就是那种神秘的"原初物质"（prima materia）的代名词之一。后者在各个方面都与潜意识的本质相对应，只有一处例外：这一次，它没有出现在炼金术所用的物质中，而是出现在人类自己身上。

---

① 比较吕利（Lully），《遗言》（*Testamentum*），见于《炼金术异闻录》（*Bibliotheca chemica curiosa*），第 1 部，第 790 页往后的内容，以及迈耶（Maier），《圣坛光晕之象征》（*Symbola aureae mensae*），第 379、380 页。

就炼金术而言，我在《心理学与炼金术》一作中已经表明，潜意识内容显然源自人类[1]。虽然寻找了数个世纪之久却从未找到，但一些炼金术士正确地猜想，"原初物质"或者"贤者之石"（lapis philosophorum）将在人类自己身上发现。但是，这种内容似乎永远都无法直接找到和加以整合，只能通过心理投射这种迂回路线。因为一般说来，潜意识首先会以心理投射的形式出现。无论何时，它似乎直接自行突显出来，比如出现在幻象、梦境、启示、精神病等当中之前，总会出现一些清楚地证明了投射存在的心理状况。其中的一个典型例子，就是基督在异象中出现在扫罗（Saul）面前之前，扫罗曾对基督徒进行过丧心病狂的迫害。

那种像恶魔一样掌控着病人且难以捉摸、具有欺骗性、不断变化的潜意识内容，此时开始飞来飞去，从病人转移到医生身上，并且作为医患这个同盟中的第三方继续着它的游戏，有时

---

[1]　参见其中第 342、343 页的部分内容。

是顽皮和恶作剧，有时却真的很恶毒。炼金术士们恰如其分地对它进行了拟人化，将它称作狡诈的启示之神赫尔墨斯（Hermes）或者墨丘利（Mercurius）；他们对这位神灵的欺骗方式虽然感到叹惜，却仍然赋予了他最高的名誉，让他极其接近于神祇了[1]。可尽管如此，他们还是自视为善良的基督徒，虔诚之心不容置疑，并且会用虔诚的祈祷开始和结束他们所撰的专著[2]。然而，如果我只对墨丘利那些顽皮的滑稽言行、无穷无尽的发明、他的种种暗讽、引人入胜的想法与计划、他的矛盾心理，以及常常明确无误的恶意进

---

[1] 请对比《精灵墨丘利》(*The Spirit Mercurius*)，第 2 部分，第 6 节。

[2] 《初升的曙光》第 2 部（参见《炼金术》，第 1 部，第 185—246 页）就是用这样的语句结尾的："这是哲学家们认可的良药，愿我们的主耶稣基督，这位与圣父、圣灵一起生活和统治且永属唯一的上帝，屈尊将其赐予每一位忠心、虔诚且善良的搜寻者，阿门。"这种结尾，无疑源自"奉献经"〔Offertorium，即在混合（commixtio）期间所说的祷词〕，其中有云："……他保证成为我们人性的一部分，耶稣基督，你的儿子、我们的主：他在圣灵这位唯一上帝的统一中，与你一起生活并统治着无尽的世界。阿门。"

行负面描述，那就是一种毫无道理地隐瞒真相的做法了。他也能做完全相反的事情，所以我充分理解炼金术士们为何会赋予墨丘利最高尚的精神品质，尽管这些品质与其异常阴暗的性格形成了鲜明的对比。潜意识的内容的确最为重要，因为潜意识终究是人类思维和各种发明创造的母体。尽管潜意识的另一面奇妙而精巧，可由于其超自然的性质，它却有可能极其危险地具有欺骗性。一个人会不由自主地想到圣亚大纳西在他所撰的圣安东尼传记中提到过的那些魔鬼：它们说起话来非常虔诚，会吟唱赞美诗，会阅读圣经，而最糟糕的是，它们还会说真话。我们在心理治疗工作中遇到的种种困难，教导我们应当在发现真、善、美的地方带走它们。可我们并非总能在寻觅之地发现它们：它们常常掩埋于尘土之中，或者有恶龙守护。"发现于污秽之中"（In stercore invenitur）①成了炼金术的一句格言，而它的价值也不会因此而有所减损。但是，它不会美化尘土，

---

① 参阅《论黄金》（*Tractatus aureus*），见于《炼金术》，第 21 页。

不会减少邪恶，就像这些方面不会有损于上帝的恩赐一样。这种对比令人痛苦，而这种悖论也令人困惑。像下面这样的格言：

ουρανο ανω

ουρανο κατω

αστρα ανω

αστρα κατω

παν ο ανω

τουτο κατω

ταντα λαβε

κε εντυχε

天堂在上，天堂在下；

星辰在上，星辰在下；

凡在上者，亦皆在下；

领会此理，喜乐无涯。[1]

---

① 参见基歇尔（Kircher），《埃及的俄狄浦斯》（*Oedipus Aegyptiacus*），第 2 部，第 10 组，第 5 章，第 414 页。这段文本与《翠玉录》（*Tabula smaragdina*）有所关联；参照鲁什卡（Ruska），《翠玉录》，第 217 页。

都太过乐观与肤浅；它们忘掉了对立面造成的道德折磨，忘掉了道德价值观的重要性。

对"原初物质"即潜意识内容进行提炼，要求医生具有无限的耐心、毅力[1]、沉着、知识和技能，需要病人竭尽全力和忍受痛苦的能力；这种痛苦，不会让医生全然不受到影响。基督教诸美德的深层意义，尤其是其中一些最伟大的美德，连无信仰者也十分清楚；有的时候，要想把自己的意识、自己的生命从这团混沌中拯救出来，无信仰者也必须具备所有这些美德，因为若不大力应对，最终战胜这种混沌就绝对不是一项轻松平常的任务。假如治疗获得了成功，它常常就会像奇迹一样发挥作用，而我们也就能够理解，究竟是什么促使炼金术士们在其配方中加入了一种由衷的"天意"（Deo concedente），或者究竟是什

---

[1] 《玫瑰经》（见于《炼金术》，第 2 部，第 230 页）中称："你须知晓，这是一条漫长的道路；因此，须有耐心与审慎，才能炼就我们的点金石。"请对照《初升的曙光》，第 1 部，第 10 章中的说法："有三种东西必不可少，即耐心、审慎和熟练使用工具的技能。"

么促使他们承认，只有在上帝创造了奇迹的情况下，他们的程序才能获得圆满的结局。

6

读者也许会觉得奇怪，一种"医疗程序"竟然会引发这么多的问题。尽管在治疗身体所患的疾病时，没有哪一种药物和疗法能够说在所有情况下都绝对可靠，但世间仍然有许多药物和疗法，它们根本无需医生或者病人添加什么"天意"，就很有可能产生预期的疗效。不过，我们在这里涉及的不是生理，而是心理。因此，我们不能用描述身体细胞和细菌的语言来进行论述；我们需要使用与心理的本质相称的另一种语言，同时还必须具备一种能够衡量危险和应对危险的态度。而且，这一切必须真实，否则就不会产生效果；所用的语言与态度若是虚伪无用，它们还会伤及医生和病人。所谓的"天意"，并非仅仅是华丽的辞藻；它表达了人类的一种坚定态度，即人类在任何情况下都不会自以为聪明过人，并且会充分认识到，他所面对的潜意识材料属于一种有生命之物，是一位自相矛盾的墨丘利；古时的一位大师如此评价墨丘利："大自然只曾对其稍事雕琢，且已将其塑造成一种尚待完善的金属形态。"[①] 因此，潜意识也是一种自然存在，渴望着融入一个人的完整性之内。它就像是原初心理的一块碎片，意识迄今还没有深入其中造成分裂与秩序，正如歌德所称，具有一种"统一的双重性"，是模棱两可的深渊。

既然我们不能认为——除非是我们彻底丧失了评判能力——如今的人类已经获得了最高程度的意识，那么，我们身上一定留下了某种潜在的潜意识心理，其发展则会导致意识出现进一步的拓展和更高程度的分化。没人说得清这种"残余"心理究竟是多是少，因为我们没有办法去衡量意识发展可能达到的范围，更不用说去衡量潜意识的范围了。但毫无疑问的是，其中存在一大堆陈旧而毫无差别的内容，它们不仅会在神经官

[①] 参见《玫瑰经》，第 231 页。炼金术士们在"金属形态"中看到的东西，也就是心理治疗师在人类身上看到的东西。

能症与精神病中自行呈现出来，还构成了无数并非真正有病之人那种不为人知的"隐情"。我们都习以为常，总是听到人人都有自己的"困难与麻烦"之类的说法，因此干脆认可这是一种平淡无奇的事实，而没有考虑过这些困难与麻烦的真正意义。一个人为什么总是对自己感到不满意？一个人为什么会毫无理智？为什么一个人做不到始终善良，为什么一个人会给邪恶留下一丝可乘之机？为什么一个人有时话太多，有时又说得太少？为什么一个人会做一些只需事先稍作考虑就能避免的傻事？究竟是什么东西总是让我们感到沮丧，阻挠我们实现那些最好的目的？为什么有的人从不关注这些东西，甚至不肯承认它们的存在？最后就是，人们为什么在过去的30年里集体引发了这场历史上的疯狂之举？为什么2400年前的毕达哥拉斯（Pythagoras）没能一劳永逸地确立起智慧的法则，而基督教也没能在尘世建立"天国"呢？

教会拥有关于魔鬼的教义和关于一种邪恶原则的教义，而我们则喜欢把魔鬼想象成有偶蹄、双角和尾巴，半人半兽，显然是从狄俄尼索斯①的溃败中逃脱出来的冥间神祇，是唯一幸存下来、鼓吹异教种种罪恶快乐的神灵。这是一幅极佳的画面，准确地描述了潜意识怪诞丑陋与罪孽深重的一面；由于我们从来没有真正对付过它，所以潜意识仍然保持着原始的野蛮状态。很有可能，如今没人还会轻率鲁莽地断言，称欧洲人是一种温驯的生物，没有被魔鬼附身。我们这个时代的恐怖历史有目共睹，它们的可怕程度超过了以往任何一个时代凭借其软弱无效的手段所能企及的一切。

假如像许多人都愿意相信的那样，潜意识全然邪恶、全然有害，除此无他，那么情况就会变得很简单，我们的人生道路也会很清晰，即多行善、不作恶了。不过，究竟什么是"善"，什么又是"恶"呢？潜意识不仅仅是本性邪恶，它还是至善的源头②：它不仅仅是黑暗，同时也是光明；

---

① 狄俄尼索斯（Dionysus），古希腊神话中的酒神、奥林匹斯 12 主神之一，据说他曾与海神决斗并且最终战败。——译者注

② 在这里我必须明确强调一点：我不是在讨论形而上学或者探讨信仰问题，而是在论述心理学。无论宗教经验或者形而上学的真理本身是什么，从经验的角度来看，它们本质上都属于心理现象；也就是说，它们自行呈现出来的样子就是如此，因而必须受到心理学的批判、评价和研究。科学会止步于自己的边界。

它不只像野兽、半人和恶魔，还像超人，具有灵性，而从这个词的古典意义来看，它还具有"神性"。墨丘利是潜意识的化身[1]，实质上具有"双重性"，也就是本质上自相矛盾的二元性，既是恶魔、怪物、野兽，同时也是灵丹妙药，是"哲人之子"，是"神的智慧"（sapientia Dei）和"圣灵的恩赐"（donum Spiritus Sancti）[2]。

既然如此，我们找出一个简单解决办法的全部希望就破灭了。善与恶的所有定义，也都变得可疑起来，或者实际上站不住脚了。作为两种道德力量，善与恶仍然毫不动摇，而且不容置疑，就像刑法典、十诫和传统的基督教道德把它们视为简单真理一样。不过，相互冲突的忠心却是微妙得多和危险得多的事情，而一种受到世俗智慧磨砺的良知，也无法再满足于戒律、观点和华丽的辞藻。不得不去应对原初心理的残余、心怀未

---

[1]　参阅《精灵墨丘利》（*The Spirit Mercurius*），第 2 部分，第 10 节。

[2]　炼金术士们还把墨丘利比作路西法（Lucifer，即光明使者），后者是上帝手下最美丽的堕落天使。参阅米利乌斯，《哲学改革》，第 18 页。

来并且渴望发展之时，它就会变得不安起来，会四下去寻找某种指导原则或者某个固定支点。事实上，一旦我们在应对潜意识的过程中走到了这个阶段，上述欲望就会变成一种迫切的需要。由于当今世界上唯一可见的有益力量就是我们称之为宗教，并且希望灵魂从中获得救赎的那些伟大的心理治疗体系，所以许多人都应当做出无可非议、常常还会成功的尝试，以便在现有的一种信仰中为自己找到一席之地，并且对传统救赎真理的意义获得一种更加深刻的理解，就是相当自然的事情了。

这种解决办法既普普通通，又令人满意，因为基督教会教条式地阐明的真理几乎完美地表达了心理体验的本质。它们是容纳灵魂中诸多奥秘的宝库，而这种无与伦比的知识又是用宏大的象征性意象进行阐述的。因此，潜意识与教会的精神价值观之间具有一种自然的紧密联系，尤其是与教义形式的精神价值观之间联系密切；教会则把其独特的性质归功于数个世纪以来的神学论争——尽管在后世看来，这种论争很荒谬——归功于许多伟人付出的热忱努力。

7

　　如果不是每件人造之物都有不完美的地方，无论多么精致都不例外，那么对任何一个要为潜意识的混乱寻找一件合适容器的人而言，教会就将是一个理想的解决办法。可事实是，回归教会，亦即回归一种特定的信仰，并不是放之四海而皆准的通用准则。更好地理解宗教本身，并且与宗教本身形成更加紧密的联系，这种现象要常见得多；我们不能把宗教本身与一种信仰混淆起来[①]。在我看来，原因主要在于，凡是理解这两种观点的合理性、理解基督教已经分裂而成的两大分支教派的合理性的人，都不可能坚称其中只有一种或者一派是合法的，因为这样说是自欺欺人。身为基督徒，他必须认识到自己所属的基督教世界已经分裂了400年之久，而他奉守的基督教信仰非但没有救赎他，反而让他暴露于一种如今仍在撕裂着基督圣体的冲突和分裂之中。这些都是事

---

　　① 参照《心理学与宗教》（*Psychology and Religion*），第6页和第7页的部分内容。

实；凡是迫切要求人们做出有利于它的决定，仿佛完全确信自己掌握了绝对真理似的信仰，都无法消除这些事实。此种态度对现代人并不公平；现代人可以十分清晰地看出新教胜过天主教的优势（反之亦然），并且完全明白，这种褊狭的强调正在尽力迫使他无法做出更好的判断——换言之，就是诱惑他去犯下违背圣灵的罪孽。他甚至明白，各个教派为什么一定要如此行事，并且知道它们必须如此，以免任何一位快乐的基督徒会想象自己已经安息在亚伯拉罕应许的怀抱之中，得到了救赎，平静安详而没有任何恐惧。基督继续在受难——因为基督在"奥体"（corpus mysticum）中的生命或者基督徒在这两个阵营里的生命都与自身产生了对立，并且没有哪个诚实之人能够否认这种分裂。如此一来，我们便陷入了神经官能症患者的境地，不但必须痛苦地认识到自己正深陷于冲突当中，而且必须忍受这种痛苦。反复努力地抑制另一方的做法，最终只会让神经官能症变得更加严重。医生必须建议这种病人接受冲突的事实，以及冲突必然带来所有痛苦；如若不然，冲突就将永无结束之日。聪明的欧洲人若是对这些问题有所关注的话，就是自觉或者半自觉地信奉新教的天主教徒，或者信奉天主教的新教徒，而他们也并不会因此而变得更加糟糕。告诉我说不存在这样的人，是毫无用处的，因为两类人我都见过，他们还大大提高了我对未来欧洲人所抱的希望。

不过，似乎广大公众对所有教义持有的消极态度与其说是种种宗教信仰的结果，还不如说是一种症状，是普遍的精神懒惰和对宗教的无知。我们虽然可以对人类那种臭名昭著的灵性缺失感到愤慨，但一个人若是身为医生的话，就不会始终认为疾病很恶毒，或者认为病人在道德上低人一等；相反他会认为，消极结果可能是所采用的治疗措施导致的。尽管我们有理由怀疑，在已知的5000年人类文明期间，人类的品行究竟有没有取得什么显著的，甚或是感知得到的进步，但不可否认的是，意识及其功能已经出现了明显的发展。最重要的是，以知识的形式呈现出来的意识获得了巨大的拓展。不但单一的意识功能变得千差万别，而且它们在很大程度上已经被置于自我的掌控之下——换言之，人类的意志力增强了。当我们把自己的心智与原始人的心智进行对比时，这一点就尤其引人注目了。与早期相比，人类自我的安全感也已大大增加，甚至往前出现了一种极其危险的飞跃，以至于我们尽管有时会说到"天命"，却不再明白自己在说什么了，因为我们同时还会断言："有志者，事竟成。"谁还会想到要去祈求上帝帮助，而不去求助于同胞们的善意、责任感和义务感、理性或者智慧呢？

无论如何看待态度上的这些变化，我们都无法改变它们存在的事实。注意，个人的意识状态中出现一种显著变化时，由此聚集起来的潜意识内容也会发生变化。而且，意识情境越是远离某个平衡点，努力要恢复这种平衡的潜意识内容就会变得越强大，还会因此而变得越危险。这种情况，最终会导致一种解离：一方面，自我意识会使出浑身解数，要摆脱一个无形的对手（要是它没有怀疑隔壁的邻居就是魔鬼的话！）；另一方面，自我意识又会日益为其内部一个"政府反对派"的专横意志所害，而后者则呈现出了一个恶魔般的残暴之人兼超人的所有特点。

数百万人都陷入这种状态之后，就会导致一种局面，它在过去的 10 年里，每天都为我们提供这样一种具有启迪作用的实际教训。当代这些事件，全都凭借其独特性，暴露了它们的心理背景。无情的破坏与毁灭，就是人们针对意识偏离了平衡点而做出的反应。因为心理自我与非自我之间确实存在一种平衡，并且此种平衡属于一种宗教信仰（religio），是对永恒存在的潜意识力量的一种"审慎考量"[①]；我们若是忽视了这些潜意识力量，就会带来危险。由于人类的意识情境中出现了这种变化，所以当前的危机其实已经酝酿了数个世纪之久。

各个教派有没有适应这种世俗的变化呢？它们的真理，或许比我们认识到的更有权利自称为"永恒"，但这种真理所披的世俗外衣必须向一切世俗事物的短暂易逝致敬，并且应当把心理方面

---

① 我在这里用的是"宗教"一词的古典词源，而不是教会神父们所用的词源。

的种种变化考虑进去。永恒的真理需要一种随着时代精神而变化的人类语言来表达。原始意象经历着无尽变化，却始终保持着相同的模样；但只有以一种新的形式呈现出来，它们才能被我们重新理解。如果随着每一种阐述都变得陈旧过时，它们不想失去能够掌控稍纵即逝的墨丘利的那种魔力[1]，不让那个有用却很危险的敌人逃脱的话，它们就总是需要一种新的阐释。用"旧瓶装新酒"的方法怎么样？满足一个新时代的精神需求和解决其问题的办法在哪里？应对现代意识发展导致的心理问题的知识，又在哪里呢？永恒的真理还从来没有面对过这样一种由意志与力量交织而成的局面。

8

除了一些较具个性的动机，此处很可能还存在一些更深层次的原因，说明了这样一个事实：欧洲的大部分地区已经臣服于新异教主义和

---

[1] 参见迈耶，《圣坛光晕之象征》，第386页。

反基督教思想的脚下，并且确立了一种以世俗权力为基础的宗教理想，来对抗那种以爱为基础的形而上学理想。但是，个人所做的决定并非属于一个教派这一点，却不一定标志着个人持有一种反基督教的态度；它的意义，有可能恰恰相反，是对人类心中那个上帝王国进行的反思，而用圣奥古斯丁的话来说，"逾越奥秘"（mysterium paschale）[①]是"在其内部和更高的意义中"实现的。认为人类为一个微观世界是一种古老而早已过时的观点，其中含有一种至高的心理学真理，尚待我们去发现。以前，这种真理被投射到了身体上，就像炼金术士们将潜意识心灵投射到了化学物质上一样。不过，当这个微观世界被理解成一个内部世界，在潜意识中可以稍纵即逝地一瞥其内在本质时，情况就完全不同了。奥利金（Origen）[②]的话语中，就稍稍暗示出了这一

[①] 参见《书信 55》（*Epistula LV*），见于米恩（Migne），《拉丁神父全集》（P. L.），第 33 卷，第 208—209 列。

[②] 奥利金（约 185—254 年），罗马帝国时期埃及亚历山大的一位作家兼基督教神学家。——译者注

点:"要明白,您是第二个小世界,其中既有日、月,亦有星辰。"[1] 就像宇宙并非一个不断消解的粒子团,而是存在于上帝的怀抱这个统一体中一样,人类也不应消解进潜意识强加的、一个由各种相互冲突的可能性与倾向组成的漩涡之中,而是必须变成一个统一体,容纳所有的可能性与倾向。奥利金中肯地指出:"您看到,那似乎一体的人却并非一体,而是有众多之人现于其身,与其微弱的欲望一样多。"[2] 被潜意识所支配,就意味着被割裂成众多的人和事物,意味着解离。根据奥利金的观点,那就是基督徒的目标在于变成一个内在统一之人的原因[3]。盲目强调教会的外部归属感,无疑没法实现这一目标;相反,它还会在无意中为内部的不统一提供一个外部的容器,却没有真正将"解离"变成一种"结合"。

---

[1] 参见《利未记讲道》(*Homiliae in Leviticum*),第 5 部,第 2 节(迈耶,《希腊神父全集》,第 12 卷,第 449 列)。

[2] 参见《利未记讲道》(*Homiliae in Leviticum*),第 5 部,第 2 节(迈耶,《希腊神父全集》,第 12 卷,第 449 列)。

[3] 参见《列王纪》(*Librum Regnorum*)中的《讲道》(*Hom*),第 1 篇和第 4 篇。

引　言

这种令人痛苦的冲突始于"黑化"或者"黑暗"（tenebrositas），被炼金术士们称为"分离"（separatio）或者"元素的分裂"（divisio elementorum），称为"溶解"（solutio）、"煅烧"（calcinatio）、"焚烧"（incineratio），或者身体的肢解、令人痛苦的动物献祭、母亲双手或者狮爪的截肢、新郎在新娘体内的分裂，等等[1]。就在这种极端的解离形式正在进行时，那种奥秘（不管是物质还是精神）会出现变化——事实证明，这种奥秘始终都是神秘莫测的墨丘利。换言之就是说，在那些骇人的动物形态中，会逐渐出现一个单一的实体（res simplex），其性质虽然同一，却又含有一种二元性（即歌德所称的"统一的二元性"）。炼金术士试图运用各种不同的程序和配方来解决这种悖论或者二律背反，并且合而为一[2]。不过，最终其所用符号与象征过程的多样性却

———————

[1]　"从一个洞房被纠缠到另一个洞房。"参见《浮士德》，第 1 部分。

[2]　至于个体心理中相同的过程，请参见《心理学与炼金术》，第 44 页往后的部分内容。

证明他不太可能获得成功。我们很少发现没有立即显现出二元性的目标符号。炼金术士的"哲人之子"（filius philosophorum）、"青金石"（lapis）、"同体者"（rebis）、"小矮人"（homunculus），全都是雌雄同体的。他的黄金并非凡俗之物（non vulgi），他的"青金石"是灵魂和肉体，而他的酊剂也是如此，属于一种灵血（sanguis spiritualis）[1]。因此，我们就能理解为什么"化学结合"（nuptiae chymicae）即"皇家联姻"会在炼金术中占有如此重要的地位，成为至高和最终结合的一种象征了。这是由于它代表着类比上的魔法，据说后者这种魔法会让结合达到最终的圆满，并且用爱将对立面结合起来，因为"爱比死亡更强大"。

9

炼金术不但以概括的方式，而且经常最惊人地详尽描述了我们分析潜意识过程时能够观察到

---

[1] 参照鲁什卡，《翠玉录》，第19讲道集，第129页。这个术语源自《哈比卜之书》，同上，第43页。

的同一种心理现象学。个体那种似是而非、强调说"我想要，我认为"的统一性，在潜意识的冲击之下瓦解了。只要病人能够认为是别人（父亲或者母亲）应该对他的问题负责，他就能够保留某种表面上的统一性（putatur unus esse）。不过，一旦病人意识到自己就有一道阴影，意识到敌人就在自己的心中，那么，冲突就会开始，整个人也会一分为二。由于事实最终将会证明"他者"是另一种二元性，是一个由对立面组成的复合体，故自我很快就会变成一个在众多的"微弱欲望"之间被抛来接去的"羽毛球"，结果则是出现一种"光线模糊"，也就是意识受到削弱，病人则茫然失措，不知自己的人格始于哪里、终于何处。这就像是穿过一座阴暗的山谷，有时病人不得不紧紧依附于医生，把医生当成最后一缕残存的现实之光。这种情况，会令双方都感到棘手与沮丧；医生的处境，常常与炼金术士差不多相同，后者不再清楚自己究竟是在熔化坩埚中的神秘混合物，还是说他本身就是火中闪闪发光的火蜥蜴了。心理诱导必然会导致双方卷入第三方的转化之中，而双方本身也会在此过程中得到转化；医生掌握的知识，始终都像一盏闪烁摇曳的灯，是黑暗中唯一一缕昏暗的光线。炼金术士的工作间被分隔成了一个"实验室"，没有什么会比这一点更能说明他的心理状态了；在这个"实验室"里，他忙忙碌碌地摆弄着坩埚与蒸馏器，还在一个"礼拜堂"里向上帝祈祷，希望获得急需的启迪——就像《初升的曙光》作者引用的那样，要"涤清我们心中可怕的黑暗"①。

在一部古老的专著中，我们会看到这样一句话："艺术需要完整的人（Ars requirit totum hominem）。"② 这一点，用在心理治疗工作中尤其贴切。真正的参与和正确地超越职业常规，都是绝对必要的；当然，除非是医生宁愿通过回避自

---

① "至高圣灵，人类的启蒙者，净化我们心灵中可怕的黑暗。"（Spiritus alme, illustrator hominum, horridas nostrae mentis purga tenebras.）。参见诺特克·巴尔布鲁斯（Notker Balbulus），《五旬节的赞美诗》（*Hymnus in Die Pentecostes*），见于米恩，《拉丁神父全集》，第131卷，第1012—1013列。

② 参见霍格兰（Hoghelande），《论炼金术之难题》（*De alchemiae difficultatibus*），第139页。

身那些正在变得越来越紧迫的问题来危及整个治疗。医生必须穷尽自己的主观可能性；否则的话，病人就无法效仿。武断的约束毫无用处，只有真正的约束才有用。治疗必须是一个真正的净化过程，让"所有多余之物都被烈火吞噬"，而基本事实就会浮现出来。还会有什么东西，会比认识到"这就是我"更具根本性呢？它揭示了一种统一性，然而，它也是一种多样性，或者曾经是一种多样性。它不再是以前那个披着种种伪装、带着人为心机的自我，而是另一个"客观的"自我；正是由于这个原因，我们最好称之为"自体"。不再有纯属精心挑选出来的、合适的虚构之事，而是一系列确凿的事实，它们共同构成了我们所有人都必须背负的那个十字架，或者说我们自身的宿命。正如我在早期出版的作品中所言，这些暗示着未来一种人格合成的最初迹象，会出现在梦里或者"积极想象"中；它们会在其中以曼陀罗象征的形式呈现出来，而这种象征在炼金术中也并非不为人知。但是，这种象征的最初迹象根本没有表明人格已经实现了统一。就像炼金术中存在众多截然不同的程序，从七重蒸馏到千重蒸馏，或者从"一日之功"到持续数十年之久的"错误追寻"都有一样，成对的心理对立面之间的矛盾也只会逐渐缓和下来；而且，就像炼金术中常常会暴露出其基本二元性的最终产物一样，统一起来的人格永远也不会彻底摆脱其固有的不和谐所带来的痛苦感。从这个世界的苦难中得到彻底救赎就是一种幻想，而且必然继续是一种幻想。基督的尘世生命同样结束了，但不是在一种自鸣得意的极乐中，而是在十字架上结束的。（一个值得注意的事实是，带着享乐目标的唯物主义与某种"快乐的"基督教教义手拉着手，就像兄弟一样。）只有被视为一种信念之后，目标才重要；关键之处，就是通往目标的工作：那才是一生的目标。在实现这一目标的过程中，"左和右"会统一起来 [1]，而意识和潜意识也会齐心协力。

---

① 参见《若阿尼斯学报》（*Acta Joannis*），98："……智慧即和谐，但凡有智慧之时，左右皆会和谐相处：力天使、权天使、执政官、恶魔、力量……莫不如此。"

10

打扮成太阳神索尔和月神露娜、皇家兄妹配对或者母子配对的"对立结合体"(coniunctio oppositorum),在炼金术中占据着极其重要的地位,因此,有的时候整个过程会采用"神圣婚姻"及其神秘影响的形式呈现出来。最全面而又最简单地说明了这个方面的,或许就是1550年《哲人的玫瑰园》一作里的那一系列图画;在后文中,我将这一系列图画翻印了出来。它们在心理学上的重要性,值得我们进一步去加以研究。医生对病人的潜意识进行分析时所发现和所经历的一切,都极其惊人地与这些图片的内容相吻合。这一点不太可能纯属偶然,因为古时的炼金术士常常也是医生;所以,如果他们像帕拉塞尔苏斯(Paracelsus)一样担忧病人的心理健康,或者去探究病人所做的梦(以便做出诊断,预断病情和进行治疗),他们就有充足的机会去获得这样的经历。如此,他们就可以搜集到具有心理性质的信息;他们不仅可以从病人身上收集,还可以从自己身上收集,即通过观察自身被诱导作用所激活的潜意识内容来进行收集[1]。即便是到了如今，潜意识也会在常常由病人自发绘制而成的一系列图画中表现出来；所以，过去的那些图画，比如我们在苏黎世的《莱因抄本》(Codex Rhenoviensis)第172号和其他专著中看到的图画，无疑也是用类似方式创作出来的——换言之，它们是作者在工作中所获诸多印象的积淀，然后根据传统因素进行了阐释或者修正[2]。在现代画作中，我们也发现了不少痕迹，表明传统主题与古代观点或者神话思想的自发再现并存。鉴于图画与心理内容之间的这种密切联系，故在我看来，根据现代的发现来研究中世纪的一系列图画，甚至是在我们对后者的描述当中把它们当成一条阿丽雅德涅之线加以运用，都没有什么不合适的。中世纪的这些珍品中含有许多"种子"，它们要到数个世纪之后，才以更加清晰的形式破土而出。

---

① 卡尔丹［Cardan，参见其《梦的合力……》(Somniorum synesiorum...) 一作］就是研究自身梦境者的一位典范。

② 关于重新阐释的工作，请参见本人的《克劳斯兄弟》(Brother Klaus) 一作。亦请参见拉沃，《尼格老·冯物洛的丰富生活》，第3章，《宏大的异象》(La Grande Vision)。

基于《哲人的玫瑰园》插画的移情现象解释

1. 墨丘利喷泉

我们是金属最初的性质和唯一源泉。

艺术[①]的至高酊剂通过我们制成。

我的泉和水无与伦比。

我能制造富贵和贫穷，健康和疾病。

因为我既有药性，又有毒性。

[①] 这里的"艺术"指炼金术，下同。——译者注

ROSARIVM

mineralis

vegetabil

Wyr findt der metall anfang vnd erfte natur /
Die kunft macht durch vns die höchfte tinctur.
Keyn brunn noch waffer ift meyn gleych /-
Jch mach gefund arm vnd reych.
Vnd bin doch jtzund gyftig vnd dötlich.

Succus

这幅图直接触及了炼金术象征的核心，因为它试图描绘作业[1]的神秘基础。它是由位于四角的四颗星刻画的二元四位一体。四颗星代表四种元素。上方中间是第五颗星，代表第五实体，源于四元素的"太一"，以及第五元素。下面的水池是赫尔墨斯容器，是转变的发生地点，里面是"我们的海"，"永恒之水"或"圣水"。这是黑暗之海，是混沌。这个容器也被称为子宫[2]，是孕育炼金术胎儿（何蒙库鲁兹）的地方[3]。这个水池是圆形的，和周围的四方形形成了对比，因为它是完美形式的母体，不完美形式的四方形必须转变成圆形。在四方形中，各元素分离而相互敌对。所以，它们必须在圆形中得到统一。水池边缘的铭文体现了这一意图。铭文写道（缩写

---

① "作业"是指炼金术中用第一原质炼就哲人石的过程，下同。——译者注

② 《化学艺术》（*Ars chemica*）147 页 "Cons. coniug" 写道："虽然这个酝酿之地是人工的，但它模仿了自然子宫，因为它是凹陷而封闭的"等。又（204 页）："他用母体表示葫芦的根。"

③ 参考鲁斯卡（Ruska），《群众》（*Turba*），163 页。

展开）："Unus est Mercurius mineralis, Mercurius vegetabilis, Mercurius animalis."（矿物墨丘利、植物墨丘利和动物墨丘利合而为一。）（Vegetabilis 应该翻译成"活的"，animalis 应该翻译成"有生命的"，即拥有灵魂，甚至可以翻译成"心灵的"[1]。）水池外侧有六颗星，和墨丘利共同代表七颗行星或七种金属[2]。它们都包含在墨丘利之中，因为墨丘利是金属之父。人格化的墨丘利是七颗行星的统一体，是原人，他的身体是世界，就像迦约玛特（Gayomart）一样[3]。七种金属从他的身体流入大地。由于他的女性特征，墨丘利也是七之母，而不仅是六之母，因为他是自己的父

---

① 参考霍图拉努斯（Hortulanus）（鲁斯卡，《翠玉录》，186 页）："所以，世界的成分是无限的，哲学家将整个世界分成三部分，即矿物、植物和动物……因此，他宣称拥有了全世界哲学的三部分，它们包含在一块石头里，这块石头叫做哲学家的墨丘利。"13 章："这块石头被认为是完美的，因为它自身拥有矿物、植物和动物的性质，因为这块石头是三合一，拥有四种性质。"

② 墨丘利可以表示水星，也可以表示水银。——译者注

③ 迦约玛特是拜火教中的原人。——译者注

亲和母亲①。

墨丘利喷泉耸立在"大海"之上，被称为
"三重名"，对应墨丘利的三种表现形式②。图中，
他以处女之乳、醋泉和生命之水的形式从三个水
管流出。这只是它无数同义词中的三种而已。上
述墨丘利的统一在这里被表示成三位一体。我反
复强调，他是神圣三位一体的对立面，阴暗、低

————————————

①　参考《非创造：心理学与炼金术》430 段及后段的炼金
术学说。

②　在《哲人的玫瑰园》249 页的引文中，罗西努斯（Rosinus）
说："名为三，实为一。"参考克劳斯（Klaus）兄弟版本中的三
口上帝之泉［拉沃德（Lavaud），《深刻的生命》，66 页］。真
正的罗西努斯段落［同样是引文，来自拉齐斯（Rhazes）］是
（《炼金术》，I，300 页）："我们的石头与三位一体的创世者同
名。"西尼尔（Senior，《化学》，45 页）说："我们的铜类似于
人，拥有精神、灵魂和身体。所以，智者说：三三归一。智者
还说：一中含三。"另见佐西莫斯（Zosimos）（贝特洛，《希腊
炼金术》，III，vi，18）。墨丘利喷泉类似于佩拉提克斯（Peratics）
的 πηγη μεγάλη ［希波吕托斯（Hippolytus），《埃伦霍斯》，V，
12，2］，后者构成了三重世界的一部分。这三个部分对应于三
个神、三个 λόγοι、三个灵魂和三个人。这种三位一体不同于基
督，后者的所有三位一体性质和他本身的三重性在分离之前来
自上天。［在此，我更喜欢贝尔奈（Bernays）的解读，即 πρò
της（参考《埃伦霍斯》，105 页），因为它更有意义。］

贱甚至可恶，正如但丁笔下的三头魔鬼[1]。出于同样的原因，墨丘利常常被表示成三头蛇。我们可以在三个水管上方找到太阳和月亮，它们是不可缺少的追随者，是神秘转变的父母。再往上一点是第五元素之星，是四种敌对元素统一的象征。图片顶部是分叉蛇（双头蛇），是致命二元组，多恩（Dorn）将其定义为魔鬼[2]。这条蛇是墨丘利之蛇[3]，代表墨丘利的双重性质。蛇头在喷火，这是科普特人或犹太人玛利亚"两团烟雾"的来源[4]。这两团蒸汽的凝结[5]开启了炼金过程，导致了多重升华或蒸馏，以去除异味、坟墓恶臭[6]和最初

---

[1] 在《阿布尔·卡西姆》中，石头被称为"撒旦"；参考霍姆亚德（Holmyard），《阿布尔·卡西姆·阿尔－伊拉齐》，422页。

[2] 正如题词"animalis""vegetabilis""mineralis"所示，这条蛇也拥有"三重名"。

[3] 《心理学与炼金术》，图20。

[4] 《炼金术》"实践篇"，I，321页："它们是包围两盏灯的两团蒸汽。"

[5] 我们在科隆纳（Colonna）《波利菲勒之歌》的卷首插画中看到了同样的主题，画中树上掉下的叶子来自火焰。参考《心理学与炼金术》，图4。

[6] 参考《初生的曙光》，I，第四章："邪恶的味道和气体污染了化学助手的心灵。"另见莫里埃努斯（Morienus），《炼金术》，II，34页："因为这是与坟墓臭气类似的味道……"

附着的黑暗。

　　这一结构揭示了希腊人已经知道的转变过程的四重性质。它始于四种分离元素和混沌状态，逐渐上升到墨丘利在无机、有机和精神世界的三种表现形式；在获得索尔和露娜的形象（即宝贵的金和银，以及能用爱战胜元素冲突的神祇光辉）后，它最终成为阿尼玛、第五元素、永恒之水、酊剂或哲人石单一不可分割的性质（不朽、超凡、永恒）。这种从数字4到3到2到1的进展就是"玛利亚公理"，这一主旨以各种形式贯穿整个炼金术发展史。如果将各种"化学"解释放到一边，我们可以得到下面这个象征性的整体规划：初始的完整状态有四个相互对立的明显趋势——4是以自然可见方式定义圆的最小数字。这个数字的减少以最终统一为目标。首先出现在进程中的是数字3，它是阳数，阴数2由它而来[①]。阳性和阴性必然构成了性结合思想，以生成1，后者被普遍称为王室之子或哲人之子。

----

　　①　炼金术常常将奇数解释成阳数，将偶数解释成阴数，这种做法由来已久。

四位一体是最普遍的原型之一，也是表示意识头脑功能安排最有用的图式之一[①]。它就像我们头脑望远镜中的交叉线一样。四个端点构成的十字更加普遍，对西方人拥有最高的道德和宗教意义。类似地，象征完整和完美的圆普遍用于表示天堂、太阳和上帝；它也表示人和灵魂的原始意象[②]。四作为创建秩序的最小数字，表示尚未实现内心统一者的多元状态，因此也表示束缚、分裂、解体、被扯向不同方向的状态——渴望统一、和解、救赎、治愈和完整的痛苦而未得救赎的状态。

三位一体表现为"阳性"，即积极决心或主动者，相当于炼金术中的"上涌"。相应地，二位一体是"阴性"的，是接受性、吸收性的被动者，或者仍然需要形成和孕育的物质。三位一体的心理等价物是需要、欲望、本能、侵略和决心，而二位一体对应于整个心理系统对意识头脑冲动

---

① 参考雅各比（Jacobi），《C.G. 荣格心理学》，图表4-7。

② 关于作为方形、圆形或球形的灵魂，参考《心理学与炼金术》，109 和 430 段，N.47。

和决定的反应。如果二位一体不能战胜纯自然人的惰性，面对人的懒惰和持续抵抗实现目标，它当然会由于失去活力而消亡。意识头脑可以在强迫和劝说下执行目标。正因为如此，人才是有生命的整体和统一体（正如浮士德所说："始物于行。"）[①]——前提是行动是拥抱整个心理过程的成熟产物，不只是抑制心理的痉挛和冲动。

所以，归根结底，我们的象征画面是对炼金术方法和哲学的展示。这不是古代大师所知的物质性质的必然结果，它们只能来自潜意识心理。难怪炼金术师之中也有一定的意识推测，但这对潜意识投影没有任何阻碍，因为不管研究者的头脑如何偏离他所观测的精确事实，如何一意孤行，潜意识精神领袖都会接管局面，带领头脑返回不变的底层原型。接着，这种倒退迫使原型得到投射。在此，我们来到了熟悉的领域。这些事情在最后一部也是最伟大的炼金术作品——歌德的

---

① 你应该仅从心理学角度理解上述评论，不能从道德意义上去理解。这里的"行为"不是心理生命过程的本质，只是它的一部分，尽管它很重要。

《浮士德》中被描绘成了最宏伟的意象。歌德其实是在描述炼金术师的经历，后者发现，他投入曲颈瓶中的其实是他自己的阴暗面，是他未得救赎的状态，是他的激情，是他追求目标的斗争，这个目标就是成为真正的自己，实现他的母亲生他的目的，并在充满混乱和错误的漫长人生旅程过后，成为王室之子，至高母亲的儿子。我们甚至可以退得更远，回到《浮士德》的重要先驱、克里斯蒂安·罗森克鲁兹（Christian Rosencreutz）的《化学婚礼》（1616）。歌德显然知道这部作品[1]。总体上看，它具有相同的主题，相同的"玛利亚公理"，讲述了罗森克鲁兹是怎样摆脱之前的蒙昧状态，意识到他与"王室"有关的。不过，整个过程得到了更多的投射，对于英雄投射的撤销只得到了短暂的暗示，这和它所处的时期（17

---

① 顺便一提，《化学婚礼》的真正作者约翰·瓦伦丁·安德里亚（Johann Valentin Andreae）用拉丁文也写了一部浮士德式戏剧，名为《图博：一个艰难而徒劳地遍游各地的才士》（1616 年）。这个故事的主人公无所不知，最后却很失望，但他在基督沉思中获得了救赎。作者是符滕堡神学家，生于 1586 年至 1654 年。

世纪初）保持一致——而在《浮士德》中，它将浮士德转变成了超人①。不过，其心理过程本质上是相同的，即意识到炼金术在物质秘密中感受到的强大力量。

墨丘利喷泉图片后面的文字主要涉及艺术之"水"，即水银。读者可以参考我的讲座《精神墨丘利》，这里就不赘述了。在此，我只想说，这种拥有各种矛盾性质的液体其实代表了被投射到其中的潜意识。"海"是它的静止状态，"泉"是它的活跃状态，"过程"是它的转变。潜意识内容的整合表现为灵丹妙药、饮用金、永恒食物、哲学树健康果和燃烧之酒思想，这一思想还有其他无数同义词。一些思想显然是不祥的，但是同样极具特色，比如月树之汁②，萨杜恩之水（注意，萨杜恩是邪恶的神祇！），毒药，蝎子，龙，火之

---

① 我在《两篇论文》第224、225、380、381段详细讨论了这一心理过程。

② 指疯狂。奥林匹奥奥多鲁斯（Olympiodorus）（贝特洛，《希腊炼金术》，II，iv，43）、莫里埃努斯（《炼金术》，II，18页）、迈耶（《圣坛光晕之象征》，568页）和中国炼金术（魏伯阳，《古代中国论文》，241—245页）提到了痛苦灵魂。

子，男童尿或狗尿，硫黄，魔鬼，等等。

虽然书中文字没有明说，但墨丘利喷泉喷出和流回水池的过程构成了一个圆，这是墨丘利的本质特征，因为他也是繁殖、杀戮、自我吞噬和自我孕育的蛇。在这方面，我们可以指出，库萨的尼古拉斯（Nicholas）讲过一个上帝寓言，说有一片没有出口的圆形大海，通过大海中心的喷泉不断补充自己[1]。

---

[1] 上帝是包含相同水体的源泉、河流和海洋。三位一体是"通过自身、从自身前往自身"的生命——万斯廷贝格（Vansteenberghe），《库萨的尼古拉斯红衣主教》，296、297 页。

2. 国王和王后

作为对立事物最高统一的艺术奥秘，或太阳与月亮的结合，在图 1 中没有得到显示。现在，这一重要主题在一系列图片中得到了应有的详细展示。国王和王后，新郎和新娘，为了结婚而相互走近。乱伦元素出现在阿波罗和狄安娜的兄妹关系中。二人分别站在太阳和月亮上（见图 2），从而暗示了他们的太阳和月亮属性，这与占星术观念相符，即太阳的位置代表男人，月亮的位置代表女人。二人身穿王室服装，这暗示了他们起初相距较远。二人向对方伸出左手，这几乎不可能是无意的，因为这与习惯相反。这一手势指向了得到严格保守的秘密，即"左手路径"，这也是印度密教徒对其湿婆和沙克蒂崇拜的称呼。左手（罪恶）一侧是黑暗和潜意识的一侧。左侧是不祥而尴尬的；它也是心的一侧，不仅产生爱，也产

PHILOSOPHORVM.

Nota bene: In arte nostri magisterij nihil est   *Secretum*
celatū à Philosophis excepto secreto artis, quod *artis*
non licet cuiquam reuelare, quod si fieret ille ma
lediceretur, & indignationem domini incur=
reret, & apoplexia moreretur. ¶Quare om=
nis error in arte existit, ex eo, quod debitam
C ij

图 2

生了与之相关的一切邪恶，即在我们情感生活中表现最清晰的人性道德矛盾。所以，我们可以认为，左手的接触暗示了这种关系的情感性质和迟疑性质，因为它是神圣和世俗之爱的混合，乱伦暗示又使之变得更加复杂。在这种微妙而又完全符合人性的情况下，右手的姿势作为补充，给我们留下了深刻印象。二人右手举着一个由五朵花（4+1）组成的装置。每人手中的枝条有两朵花；这四朵花又指示了四种元素，其中火和气两种元素是主动的，水和土两种元素是被动的，前者被归于男人，后者被归于女人。第五朵花来自上方，大概代表了第五元素；它是由圣灵的鸽子带来的，类似于挪亚的鸽子叼来和解的橄榄枝。这只鸟是从第五元素之星飞下来的（见图2）。

真正的秘密在于右手的结合，因为正如图中所示，这是由圣灵礼物即高贵艺术在中间协调的。在这里，"罪恶"的左手接触与上方进行的两个四位一体（四元素的男性和女性表现形式）的结合相联系，这种结合的形式是由五朵花和三根枝条组成的八元组。阳数指向行动、决定、目的和运动。第五朵花与其他四朵花不同，它是由鸽子带来的。三根枝条对应墨丘利三重名的上涌，或者喷泉的三个水管。所以，我们再次获得了作业的简略总结，即第一张图显示得更加深刻的含义。图 2 的文字开头很不寻常："请记好，在我们的训导艺术中，哲学家不会隐藏任何事情，除了可能无法向所有人揭示的艺术秘密。否则，这个人会受到诅咒；他会引起上帝的愤怒，死于中风。因此，艺术中的所有错误之所以发生，是因为人们没有始于恰当的材料[1]。因此，你应该运用神圣的自然，因为我们的艺术诞生于自然，而非其他地方。所以，我们的训导是自然的作品，而不是作者的作品[2]。"

---

[1]　Debita materia，意为过程的第一原质。

[2]　《玫瑰园》，219 页："Nota bene: In arte nostri magisterii nihil est celatum a Philosophis excepto secreto artis, quod non licet cuiquam revelare: quodsi fieret, ille malediceretur et indignationem Domini incurreret et apoplexia moreretur. Quare omnis error in arte existit ex eo quod debitam materiam non accipiunt. Igitur venerabili utimini natura, quia ex ea et per eam et in ea generatur ars nostra et non in alio: et ideo magisterium nostrum est opus naturae et non opificis."

从表面上看，对于背叛行为遭受神圣惩罚的恐惧，其原因一定在于危及灵魂救赎的事物，即典型的"灵魂危险"。接下来一句话表示因果的"因此"只能表示一定不能透露的秘密；不过，由于第一原质一直是未知的，因此所有不知道秘密的人都会陷入错误。这是因为，据说，他们选择了武断而人工的事物，而不是纯粹的自然。对于神圣自然的强调[1]使我们对于最终导致自然科学的研究热情有所了解，但这种热情对信仰常常是有害的。自然崇拜是过去的遗产，它与教会观点存在比较秘密的对立，将头脑和心灵导向"左手路径"。彼特拉克（Petrarch）对旺图山的攀登引发了怎样的轰动！圣奥古斯丁曾在《忏悔录》中警告："人们前去欣赏高大的山脉、巨大的海浪、汹涌的河流、广阔的海洋和恒星的轨迹，但却忽视了自身……"

一些人将自然看作艺术唯一的基础，另一些人却在反复抗议说，艺术是圣灵的馈赠，是智慧

---

① 鲁斯卡，《群众》，XXIX，137 页。

之神的奥秘，诸如此类。由此，我们只能认为，炼金术师拥有坚定的正统信仰。在我看来，这通常是不容置疑的。炼金术师相信圣灵的启示。考虑到自然秘密而不祥的黑暗，这种信仰在心理上似乎是必不可少的。

如果一段文字极其强调纯粹自然，同时又用图2这种图片进行解释说明，那么我们只能认为，在作者眼中，国王和王后的关系是纯自然的。关于化合之谜的思考和推测是不可避免的，这当然会触及色情幻想，其原因仅仅在于，这些象征图片源于相应的半灵性、半性感的潜意识内容，也是为了使我们不要忘记昏暗区域，因为光只能来自漆黑的夜晚。这是自然和自然经验的教诲，但精神相信光中之光——源于光的光[1]。不知为何，艺术家[2]卷入了这种潜意识投影游戏中，他们必然会带着恐惧的颤抖经历神秘现象。就连嘲讽

---

[1] 参考《初生的曙光》，I，其中的寓言《黑土》《洪水与死亡》《巴比伦的囚禁》后面是声明"光中之光"的寓言《哲学信仰》。另见阿维森纳（Avicenna），《物理石头宣言》，见《化学大观》，IV，990页。

[2] 这里的"艺术家"是指炼金术师，下同。——译者注

者和亵渎者阿格里帕·冯·内特斯海姆（Agrippa von Nettesheim）也在对"炼金技"①的批评中，表现出了惊人的沉默。在对这种可疑艺术做了许多描述后，他补充道："进入神秘圈子的新人通常需要遵守保密誓言。若非如此，我会对这种艺术进行更多论述——我觉得炼金术不太讨厌。"②这种批评非常缓和，对阿格里帕来说非常难得。因此，你会觉得他在为炼金术辩护：不知为何，他被这种高贵艺术震撼了。

你不需要把艺术秘密看成耸人听闻的事情。自然不懂得道德败坏。实际上，自然真相已经令

---

① "炼金术"的别称。

② 《论科学的不确定性与虚无》，第九十章。稍后，阿格里帕（同上）又说了一两件关于石头的事情："不过，至于那种独特而幸运的物质，它独一无二而又无处不在，至于这种最为神圣的哲人之石——我几乎打破了我的誓言，说出了它的名字，亵渎了圣殿——我会用遁辞和模糊的暗示来表述，只有艺术之子和刚刚接触这种奥秘的人才能理解。这种事物的材质没有过高的火含量和土含量……我只能点到为止，但还有比这更重要的事情。我对这种艺术有所了解。在我看来，它最符合修昔底德（Thucydides）对某个正直女性的评价。修昔底德说，她是最优秀的，她受到的赞美和指责是最少的。"关于保密誓言，另见西尼尔，《化学》，92页："他们发誓不在任何书中泄露这个秘密。"

人非常恐惧了。我们只需要记住一个事实：理想的化合不是合法的结合，它总是一种乱伦。你几乎可以说，这是它的原则。围绕这种情结的恐惧——"乱伦恐惧"——非常典型，已经得到了弗洛伊德的强调。对于潜意识最深处冲动力量的恐惧使之变得更加严重。

左手的接触和右手的秘密交叉结合，非常具体而微妙地暗示了"神圣自然"为炼金术士带来的微妙局面。玫瑰十字会运动最早只能追溯到 17 世纪初安德里亚的《兄弟会传统》和《兄弟会信条》[1]，但我们眼前包含三根花枝的奇特花束形成了"玫瑰十字"，它显然来自 1550 年之前的某个时候。同样明显的是，它并不是真正的玫瑰十字[2]。我们说过，它的三重结构使人想起了墨丘利喷泉，同时指出了一个重要事实："玫瑰"是三件活物的产物：国王、王后和他们之间的圣灵之鸽。

---

[1]　根据罗森克鲁兹《化学婚礼》编辑 F·马克（Maack）在 xxxviif 页及后页的说法，这两本书从 1610 年左右就开始以手稿形式流通了。

[2]　你也可以在路德徽章中看到某种"玫瑰十字"。

于是，墨丘利三重名转变成了三个人物，你不能继续将他看作金属和矿物，而只能将他看作"精神"。在这种形式中，他也具有三重性质——男性、女性和神性。他对应于三位一体中的第三者，即圣灵，这种生命当然没有教义基础，但"神圣自然"显然让炼金术师为圣灵提供了几乎不符合正统的、显然来自世俗的伴侣，或者说为他补充了创世以来被囚禁在所有生物中的神圣精神。这种"低级"精神就是原人，他具有雌雄同体性质和伊朗血统，被囚禁在弗西斯（Physis）[①]体内。他是球形人，即完美人，出现在时间的起点和终点，是人类自身的起点和终点。他是人的整体，超越了性别，只能通过男女合而为一得到实现。这种深层含义解决了"罪恶"接触带来的问题，从混乱的黑暗中制造了"超越万光之光"。

我根据充足的经验知道，这种发展也出现在现代人身上，这些现代人不可能知道诺斯底教的原人学说。若非如此，我会倾向于认为，炼金术

---

① 参考《心理学与炼金术》，436 段，以及雷岑斯坦（Reitzenstein）和舍德尔（Schaeder），《古代共时性研究》。

师在保持秘密传统。不过，这方面的证据（帕诺波利斯的佐西莫斯笔下的暗示）少之又少，因此相对了解中世纪炼金术的韦特（Waite）怀疑秘密传统可能根本不存在[1]。所以，根据我的专业研究，我认为，中世纪炼金术中的原人思想在很大程度上是"原生的"，即源于主观经验。它是一种"永恒"思想，一种原型，可能自发出现在任何时间和任何地点。我们甚至可以在古代中国炼金术中看到原人。在公元 142 年左右魏伯阳的作品中，原人被称为真人[2]。

原人的发现蕴含着非凡的宗教情绪，它的意义类似于基督观念对于基督教信徒的意义。不过，它似乎不是神的作品，而是自然的作品，不是来自上天，而是来自地狱形象的转变，这个形象类似于罪恶，被称为"异教启示神"。这种困境为我们提供了看待艺术秘密的新视角：它面对着被视为异教的严重危险。所以，炼金术师发现自己夹在斯库拉（Scylla）和卡律布狄斯（Charybdis）

---

[1]　韦特（Waite），《秘密传统》。

[2]　魏伯阳，241 页。

之间[1]：一方面，他们有意承受了被人误解和怀疑从事炼金欺诈的风险，另一方面，他们承受了作为异教徒被人绑在木桩上烧死的风险。至于黄金，在图2文字一开始，《玫瑰园》引用了西尼尔的话语："我们的黄金不是普通的黄金。"不过，历史表明，炼金术师更愿意被人视为炼金者，而不是异端。炼金术师对于这项艺术真实性质的了解程度如何？这个问题仍然有待讨论，可能永远无法得到回答。就连《玫瑰园》和《初生的曙光》这种揭露秘密的文本也无法在这方面帮助我们。

关于这张图（图2）的心理学，我们必须首先强调，它描绘了人类的相遇，爱情在其中起到了决定作用。二人的传统装束暗示了他们同样传统的态度。传统将他们分开，隐藏了他们的自然

---

① 斯库拉和卡律布狄斯是两只海妖，守在墨西拿海峡两侧。墨西拿海峡非常狭窄，两只海怪几乎封锁了整个海峡。要想逃脱斯库拉的六张血盆大口，你就会因为离卡律布狄斯太近而被卷入漩涡。要想避开卡律布狄斯制造的巨大漩涡，你就会因为距离斯库拉太近而被吃掉。奥德赛在牺牲六名船员和整艘船葬身海底之间选择了前者，结果六个同伴被斯库拉吃掉，其他人侥幸逃脱。——译者注

真实性，但左手的重要接触指向了某种"罪恶"、非法、贵贱通婚、饱含情绪、本能的事物，即致命的乱伦接触及其"变态"的吸引力。同时，圣灵的干预用令人厌恶的神秘合一符号揭示了乱伦的隐含意义，不管是兄妹乱伦还是母子乱伦。虽然近亲结合在各地都是禁忌，但它是国王的特权（参考法老等人的乱伦婚姻）。乱伦象征与自己结合，表示个体化或成为自己。由于这非常重要，因此它拥有罪恶的吸引力——这也许不是粗糙的现实，但它显然是潜意识控制的心理过程，任何熟悉心理病理学的人都会知道这一事实。人们之所以认为最初的神祇通过乱伦繁衍后代，正是因为这个原因，而不是因为偶尔的人类乱伦现象。乱伦仅仅是同类结合而已，它是自我繁殖这一原始思想的进一步发展[1]。

这种心理状况可以总结我们自己在仔细分析移情时看到的一切。常规见面会导致对于搭档的潜意识"熟悉"，这源于婴儿期神秘幻想的投影，

---

[1] 你可以在"阿里斯雷幻想"（《炼金术》，I，147 页）中找到同性恋形式的同类结合，这是兄妹乱伦前一阶段的标志。

这些幻想最初被投射到患者家庭成员身上。由于其积极或消极的吸引力，这些幻想使患者对父母、兄弟、姐妹产生依恋[1]。这些幻想转移到医生身上，使患者对其产生家庭亲密感。虽然医生不希望如此，但他为患者提供了可行的最佳素材。当移情出现时，医生必须将其看作治疗的一部分，努力理解它，否则它只会成为神经症患者的另一段愚蠢故事。移情本身是完全自然的现象，绝不仅仅发生在咨询室里——和其他未被发现的投影类似，它可能出现在任何地方，可能导致各种愚蠢的举动。移情的医学治疗为患者提供了宝贵的机会，使他可以收回投影，弥补损失，整合自己的人格。移情背后的冲动显然展示了它们最初的阴暗面，不管你怎样洗白都无济于事，因为这项工作的一个重要组成部分是炼金术师的太阳阴影或黑日，是每个人随身携带的黑色阴影，是人格

---

[1] 根据弗洛伊德的说法，这些投影是婴儿期的愿望幻想。对于神经症更加充分的检查表明，这种幻想在很大程度上取决于父母心理。也就是说，它们源于父母对孩子的错误态度。参考《分析心理学与教育》，216 段及后段。

的低级一面，因而也是其隐藏的一面，是伴随所有强大的弱小，是跟随所有白天的黑夜，是善良中的邪恶①。这一事实的发现自然伴随着被阴影吞噬的危险，但这种危险也带来了有意识决定不为其所害的可能性。有形的敌人总是胜过无形的敌人。在这里，我认为做鸵鸟没有任何好处。如果人们永远保持幼稚，永远生活在对自己的幻觉中，把他们不喜欢的一切塞给邻居，用偏见和投影对待邻居，这当然是不理想的。由于丈夫在妻子身上看到他的母亲，妻子在丈夫身上看到她的父亲，双方一直没有看清对方的真面目，故许多婚姻在多年时间里被摧毁，有时甚至永远被摧毁。生活已经足够困难了，我们至少应该摆脱最愚蠢的困难。不过，没有对于局面的根本讨论，我们常常完全无法结束这些幼稚的投影。由于这是移情的合理目标和真正意义，因此不管采用哪种和解方法，它必然会引发讨论和理解，因而带来更高水

---

① 所以，《初生的曙光》，I，第六章说："……我的所有骨骼在我的罪恶面前疼痛。"参考《诗篇》37：4（D. V.）："……由于我的罪恶，我的骨头不得安宁。"

平的意识，这是人格完整性的衡量。在这种讨论期间，传统面具被丢弃，人们露出了真面目。实际上，他从这种心理关系中获得了重生，他的意识领域获得了圆满。

你自然会假设，国王和王后代表移情关系，其中国王代表男性搭档，王后代表女性搭档。事实并非如此，因为这些人物代表了从炼金术士（及其神秘姐妹）潜意识投射出来的内容。炼金术士意识到自己是男人，所以他的男性特征不会得到投射，因为只有潜意识内容才会得到投射。由于这里主要是男人和女人的问题，因此得到投射的人格成分只能是男人的女性成分，即他的阿尼玛[①]。类似地，对于女人，只有男性成分才会得到投射。所以，出现了奇特的性别交叉：男人（这里是炼金术士）由王后表示，女人（神秘姐妹）由国王表示。在我看来，组成"符号"的花朵暗示了这种相互交叉。所以，读者应该记住，这张图（图2）展示了两种原型人物的相遇，露

---

① 参考《两篇论文》，296段及后段。

娜暗中站在炼金术士一边，索尔站在其女性助手一边。二人来自王室。和真正的王室类似，这表明了他们的原型性质：他们是许多人共有的集体形象。如果这幅神秘画面的主要内容是国王的加冕或凡人的神化，那么国王形象可能是投影，对应于炼金术士。不过，故事随后的发展拥有完全不同的意义，因此我们可以忽略这种可能性[①]。

----

① 我也许应该提醒读者，赖德·哈格德（Rider Haggard）在《她》中描述了这个"王室"形象。主人公利奥·万塞（Leo Vincey）年轻英俊，完美无缺，简直是阿波罗的化身。他的身边是慈祥的监护人霍利（Holly），他与狒狒的相似性得到了详细描述。不过，霍利的内心是智慧和正直的典范——就连他的名字也暗示了他的"神圣"。虽然利奥和虔诚的"狒狒"都是凡人，但他们拥有超人性质。（他们共同对应于"太阳及其阴影"）。第三个人物是忠诚的仆人，他的名字很有意义，叫做约伯（Job）。他代表长期受苦但忠心耿耿的同伴，需要忍受超人的完美和亚人的野性。你可以把利奥看成太阳神，他追求"住在坟地"的"她"，后者据说会逐个杀死她的情人——贝诺尔特（Benolt）笔下的"阿特兰提德"（Atlantide）也是如此——并且定期在火柱中沐浴，以恢复青春。"她"代表月亮，尤其是危险的新月。（在新月期间，当太阳和月亮化合时，新娘会杀死情人。）这个故事最终在哈格德的另一部小说《艾莎》中演变成了神秘的圣婚。

基于可以从经验上证明的理由，国王和王后扮演了交叉角色，代表炼金术士及其姐妹潜意识反性别的一面，这使事情复杂得令人头痛，并没有简化移情问题。不过，科学道德禁止一切对不简单局面进行简化的行为，这里显然也是如此。这种关系模式很简单，但是当你对任何给定案例进行详细描述时，你很难说清你在从哪个角度描述这种关系，以及你在描述哪个方面。这种模式如下：

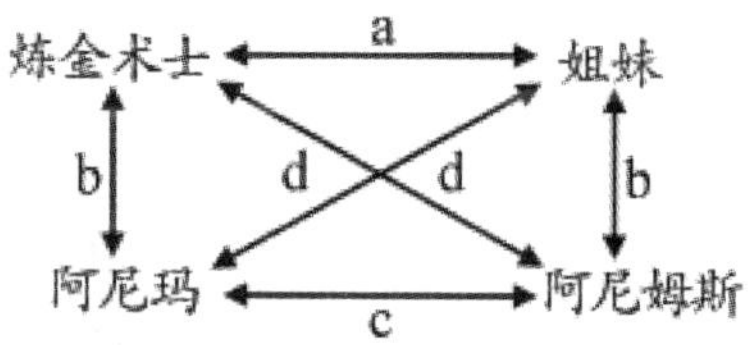

箭头方向指示了从男性到女性的拉力，从女性到男性的拉力，从一个人潜意识到另一个人意识的拉力，从而代表了可能的移情关系。所以，你需要区分下列关系。不过，在某些情况下，它们可以相互融合，这自然会导致巨大的混乱：

（a）简单人际关系。

（b）男人与阿尼玛、女人与阿尼姆斯的关系。

（c）阿尼玛和阿尼姆斯的相互关系。

（d）女人的阿尼姆斯与男人的关系（女人认同她的阿尼姆斯时发生），以及男人的阿尼玛与女人的关系（男人认同他的阿尼玛时发生）。

在用这个插图系列描述移情问题时，我没有时刻区分这些不同的可能性；因为在现实生活中，它们总是混合在一起。如果让我作出严格程式化的解释，我会面临难以承受的压力。所以，国王和王后拥有从超人到亚人的各种可以想象的含义层次，有时表现为超自然形象，有时隐藏在炼金术士形象背后。读者应该记住这一点，以免在下面的评论中遇到真实或假想的矛盾。

这些交叉移情关系在民间传说中得到了预示。交叉婚姻的原型也可以在童话中找到，我称之为"四元婚姻"[①]。一则冰岛童话[②]讲述了下面的故事：

菲娜（Finna）是一个拥有魔力的女孩。一

---

① 炼金术中的二元对立组常常被排列成这种四元组，就像我在稍后的作品中展示的那样。

② 瑙曼（Naumann）主编，《冰岛民间故事》，第8号，47页及后页。

天，当她的父亲准备去阿尔庭时，她恳求父亲拒绝一切向她求婚的人。阿尔庭有许多求婚者，但父亲拒绝了所有人。在回家途中，父亲遇到一个陌生人，名叫吉尔（Geir），他用剑尖强迫父亲把女儿许配给他。于是，二人成亲了。菲娜带着弟弟西格德（Sigurd）去了新家。圣诞节快到了，当菲娜忙于节日准备时，吉尔消失了。菲娜和弟弟出去找他，发现他在小岛上和一个美丽女人在一起。圣诞过后，吉尔突然出现在菲娜的卧室里。床上有一个孩子。吉尔问她，这是谁的孩子。菲娜说，这是她的孩子。同样的事情连续发生了三年，菲娜每次都认下了孩子。到了第三年，吉尔解开了魔咒。原来，岛上的美丽女人是他的妹妹英格博格（Ingeborg）。吉尔违背了继母女巫的命令，女巫对他下了诅咒：他将和妹妹生下三个孩子。如果他的妻子不能在知晓真相后保持平静，他就会变成蛇，他的妹妹也会变成小母马。妻子的行为救了吉尔，他把妹妹英格博格嫁给了西格德。

另一个例子是俄国童话《丹尼拉·戈沃里拉

王子》[1]。女巫给了小王子一枚幸运戒指。不过，要想让戒指的魔法生效，必须要有一个条件：他只能和适合佩戴这枚戒指的女孩结婚。长大后，他开始寻找新娘，但一无所获，因为没有人适合佩戴这枚戒指。所以，他向妹妹抱怨他的命运。妹妹请求试戴戒指，结果完全匹配。于是，哥哥想要娶她，但她认为这是罪恶，因此坐在房门前哭泣。几个路过的老乞丐安慰她，给了她下面的建议："做四个布娃娃，放在房间四角。如果你的哥哥让你去结婚，你可以去。如果他让你去卧室，不要着急。请相信上帝，听从我们的建议。"

婚礼过后，哥哥让她去睡觉。此时，四个布娃娃开始唱歌：

咕咕，丹尼拉王子，

咕咕，戈沃里拉，

咕咕，他把妹妹，

咕咕，当成妻子，

---

[1] 古特曼（Guterman）译，《俄国童话》，351 页及后页。

咕咕，大地开裂，

咕咕，妹妹掉落。

大地开裂，把她吞了下去。她的哥哥叫了她
三次，但是当他叫第三次时，妹妹已经消失了。
她在地下前行，来到芭芭雅嘎①的小屋。芭芭雅
嘎的女儿热情接待了她，将她藏起来，不让女巫
发现。不过，女巫很快发现了她，开始给烤箱加
热。两个女孩抓住老女人，把她放进了烤箱，从
而逃脱了女巫的迫害。她们来到王子的城堡。王
子的仆人认出了妹妹。不过，哥哥无法分辨两个
女孩，她们太像了。所以，仆人建议他做个测试：
王子在兽皮里装满血液，放在腋下。接着，仆人
用刀刺他的肋部，王子需要摔倒装死。此时，妹
妹一定会暴露身份。事实果真如此：妹妹伏在他
身上，大哭起来。此时，王子跳起来，抱住她。
不过，神奇戒指和女巫女儿的手指也能匹配。所
以，王子和她结婚，把妹妹嫁给了合适的丈夫。

---

① 俄国女巫之首。

在这个故事里，乱伦即将发生，但被四个布娃娃的奇特仪式阻止了。房间四角的四个布娃娃构成了婚姻四元组，其目的是用四取代二，阻止乱伦。四个布娃娃构成了神奇的幻象，使妹妹进入地下，阻止了乱伦。妹妹在地下发现了另一自我。所以，我们可以说，为小王子提供致命戒指的女巫是他未来的岳母，因为作为女巫，她一定知道，戒指不仅和他妹妹匹配，而且和她自己的女儿匹配。

在两则童话中，乱伦是无法轻易回避的邪恶命运。乱伦作为同系交配关系，表现了用于维系家庭的力比多。所以，你可以将其定义为"亲缘力比多"。这种本能就像牧羊犬一样，用于保持家庭团体完好无损。这种力比多形式和异系交配形式完全相反。两种形式相互制约：同系交配形式倾向于姐妹，异系交配形式倾向于某个陌生人。所以，最佳妥协是堂表亲。我们的童话故事没有提到这一点，但它的婚姻四元组是非常清晰的。在冰岛故事中，我们得到了下面的图式：

$$\text{吉尔} \xrightarrow{\text{婚姻}} \text{菲娜(魔力)}$$

$$\Big\vert \text{乱伦}$$

$$\text{英格博格} \xrightarrow{\text{婚姻}} \text{西格德}$$

在俄国童话中：

$$\text{王子} \xrightarrow{\text{婚姻}} \text{女巫之女(魔法)}$$

$$\Big\vert \text{乱伦}$$

$$\text{妹妹} \xrightarrow{\text{婚姻}} \text{陌生人}$$

两个图式存在惊人的一致性。在两个案例中，主人公获得了与魔法或异世界有关的新娘。假设上述婚姻四元组的原型是这些民间故事四元组的基础，那么这些故事显然基于下面的图式：

$$\text{炼金术士} \xrightarrow{\text{婚姻}} \text{阿尼玛}$$

$$\Big\vert \text{乱伦}$$

$$\text{姐妹} \xrightarrow{\text{婚姻}} \text{阿尼姆斯}$$

在心理学上，与阿尼玛的婚姻相当于意识和潜意识的绝对认同。由于这种条件只能在完全没有心理自我认知的情况下成立，因此它一定比较原始。也就是说，男人和女人的关系本质上是阿尼玛投射。整个事情存在于潜意识中的唯一迹象是下面这一惊人事实：你可以通过魔法特征区分阿尼玛意象的承载者。在故事中，姐妹和阿尼姆斯的关系中没有这种特征。也就是说，潜意识完全没有被人感知为单独经历。由此，我们必然可以得出结论：故事的象征主要取决于非常原始的思维结构，而不是炼金术四元组及其心理等价物。所以，我们必须认为，在更加原始的层面上，阿尼玛也会失去魔法属性，其结果是简单平凡的婚姻四元组。我们在所谓的"堂表亲交叉婚姻"中发现了与两个交叉对的相似之处。为了解释这种原始婚姻形式，我必须讨论一些细节。男人的姐妹与妻子兄弟的婚姻是流行于许多原始部落的"姐妹交换婚姻"的遗迹。同时，这种原始的双重婚姻与我们这里关注的问题存在相似性，这个问题就是炼金术士和姐妹之间以及国王和王后之间（或者阿尼姆斯和阿尼玛之间）意识和潜意识的双重关系。约翰·莱亚德（John Layard）的重要研究报告《乱伦禁忌与处女原型》使我想到了我们心理的社会层面。原始部落一分为二，豪伊特（Howitt）对此说道："整个社会结构的基础是整个社区分裂成两个异系交配的通婚类别。"①
这些"分区"表现在定居点的布局②以及许多奇
特习俗中。例如，在仪式中，两个分区严格隔
离，任何一方都不能进入对方领地。即使是外出
狩猎，他们也会在扎营时立刻分成两半，两个营
地之间由河床等天然屏障分隔。另一方面，霍卡
特（Hocart）所说的"双方仪式依赖"或"相互
管理"将两个分区联系起来。在新几内亚，一方
养殖猪狗不是为了自己，而是为了对方，反之亦
然。或者，当村里死了人，大家准备葬礼时，对
方会吃猪肉狗肉，等等③。这种分裂在其他地方的
另一种形式是广泛存在的"双重国王"制度④。

　　双方的名称很能说明问题，举几个例子，比
如东和西、高和低、日和夜、男和女、水和地、
左和右。从这些名称中不难看出，人们感觉双方
是对立的，所以有内心对立的说法。这种对立可

---

　　① 《S. E. 澳大利亚的土著部落》，157 页；参考弗雷泽，
《图腾主义与异系交配》，I，306 页。

　　② 莱亚德，《马勒库拉石人》

　　③ 霍卡特，《国王与议员》，265 页。

　　④ 霍卡特，《国王与议员》，157，193 页。

以表述成男性自我与女性"他者",即意识与人格化为阿尼玛的潜意识。心理初次分裂为意识和潜意识似乎是部落和定居点内部分裂的原因。这是一种基于事实的分裂,但是人们没有意识到这一点。

从起源来看,社会分裂是一分为二的母系分裂,但在现实中,它代表了部落和定居点一分为四的分裂。这种一分为四来自母系分裂与父系分裂的交叉,整个群体分裂成父系分区和母系分区[1]。这种四分的实际目的是婚姻类别的分隔和区分,他们现在将婚姻类别称为"亲缘分区"。基本的模式是由十字分割的正方形或圆,它构成了原始定居点和古代城市的初步规划,还有男修道院、女修道院等,你可以在欧洲、亚洲和史前美洲看到这些例子[2]。埃及表示"城市"的象形文字是带有十字的圆,就像圣安德鲁徽章一样[3]。

---

[1] 莱亚德,《马勒库拉石人》,85 页及后页。

[2] 霍卡特,《国王与议员》,244 页及后页。

[3] 霍卡特,《国王与议员》,250 页。

在确定婚姻类别时，我需要指出，每个男人属于父亲的父系分区，他娶的女人一定不能来自他母亲的分区。换句话说，他只能从相反的母系和父系分区中选择妻子。为避免乱伦，他可以娶舅舅的女儿，把妹妹嫁给妻子的兄弟（姐妹交换婚姻）。这导致了姑表婚姻[1]。

这种结合形式由相互交叉的两个兄妹婚姻组成，它似乎是我们在炼金术中看到的奇特心理方程的原始模型：

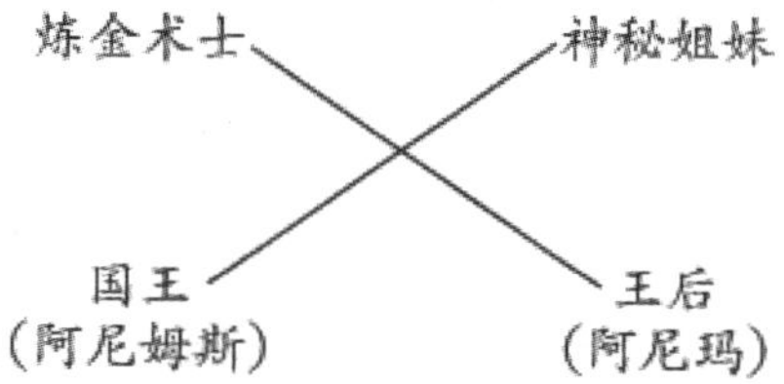

```
炼金术士              神秘姐妹
        \          /
         \        /
          \      /
           \    /
            \  /
             \/
             /\
            /  \
           /    \
          /      \
         /        \
国王                王后
（阿尼姆斯）         （阿尼玛）
```

我所说的"模型"一词并不意味着婚姻类别系统是原因和结果（心理方程）。我只想指出，这个系统先于炼金术四元组出现。我们也不能认为，原始婚姻四元组是这个原型的绝对起源，因为后者根本不是人类的发明，而是远远先于意识存在

---

① 莱亚德，《乱伦禁忌》，270 页及后页。

的事实，就像原始人和现代文明人的所有仪式象征那样。我们做某些事情时并没有思考，因为我们一直是这样做的[①]。

原始和文化婚姻四元组的差异在于，前者是社会现象，后者是神秘现象。婚姻类别在现代人之中几乎消失了，但它们在更高的文化层面作为精神思想重新出现。为了部落的利益和发展，异系交配社会秩序取代了同系交配倾向，以避免部落退化到完全没有小群体的状态。它在物理和精神层面上坚持引入"新鲜血液"，因此成了文化发展的有力工具。用斯潘塞（Spencer）和吉伦（Gillen）的话说："这种被称为群体婚姻的制度用于将互相关心的群体比较紧密地联系起来，是人类进步早期阶段最强大的动因之一。"[②] 莱亚德在上述研究报告中扩充了这一思想。他将同系交配（乱伦）倾向看作真实本能。如果你拒绝它在肉体

[①] 如果说我们做这些事情时有所思考的话，这一定是前意识或潜意识思考行为。没有这种假设，你就无法作出很好的心理学解释。

[②] 《中澳大利亚的北方部落》，74 页。

上的实现，那么它一定会在精神上得到实现。异系交配秩序使文化最初成为可能。类似地，它也包含潜在精神目的。莱亚德说："其潜在精神目的是使人认识到，有一个可以满足基本欲望的领域，即神祇及其在半神领域对应的文化英雄组成的领域，从而扩大人们的精神视野。"[1] 实际上，乱伦圣婚思想的确出现在文明宗教中，演变成了基督教意象的至高灵性（基督和教会，未婚夫和未婚妻，神秘的《雅歌》，等等）。"所以，乱伦禁忌完全离开了生物领域，进入了精神领域。"莱亚德说[2]。在原始层面，女性意象阿尼玛仍然完全位于潜意识中，因此处于潜在投射状态。通过从"四类婚姻系统"到八类系统的分化[3]，婚姻伴侣之间的亲缘程度得到了很大稀释。在十二类系统中，亲缘程度得到了进一步降低。这些"二分法"[4]显然可以扩大婚姻类别框架，将越来越多的群体

---

[1] 莱亚德，《乱伦禁忌》，284 页。

[2] 莱亚德，《乱伦禁忌》，293 页。

[3] 在这种制度中，男人与他外婆的兄弟的外孙女结婚。

[4] 霍卡特，《国王与议员》，259 页。

纳入亲缘系统中。自然，只有在有规模的群体正在扩张时，这种扩大才是可能的[①]。八类和十二类系统意味着异系交配秩序的巨大进步，也意味着对于同系交配趋势同样严重的抑制，因此后者在刺激下出现了新的进展。每当本能力量，即一定的心理能量被意识头脑的片面态度（这里是异系交配态度）驱赶到幕后时，人格都会分裂。拥有单轨（异系交配）倾向的意识人格遇到了无形的（同系交配）对手。由于后者位于潜意识中，因此意识感觉它是陌生人。所以，它以投影形式表现出来。起初，它出现在那些拥有较高权力的人物身上，比如国王和王子。这可能是王室拥有乱伦特权的原因，就像古埃及那样。当王室的神奇力量越来越多地来自神祇时，乱伦特权转移到了后者，导致了乱伦圣婚。不过，当围绕国王的神圣光环转到神祇身上时，它变成了精神权威，导致了自主心理情结的投射——换句话说，心理存在变成了现实。所以，莱亚德通过逻辑，从女神的

---

① 例如，在中国，你仍然可以找到十二类系统的遗迹。

神性推导出了阿尼玛[1]。阿尼玛以女神的形象得到了明确投射，但在她的原本（心理）形象中，她得到了内向投射；正如莱亚德所说，她是"内心阿尼玛"。她是自然未婚妻，是男人最初的母亲、姐妹、女儿或妻子，是同系交配倾向徒劳地试图以母亲和姐妹形式获取的同伴。她代表有史以来总是需要得到牺牲的渴望。所以，莱亚德非常准确地提到了"借由牺牲的内化"[2]。

同系交配倾向在高贵的神界和更高的精神世界找到了出口。在这里，它表现为具有精神属性的本能力量。从这个角度看，最高层面的精神生命是对起初的回归，因此人的发展是不同阶段的重演，最后的阶段是精神生命的完善。

乍一看，具体的炼金术投影似乎是一种退化：男神和女神被简化成了国王和王后，后者似乎仅仅是在比喻即将结合的化学物质。不过，退化只是表象。实际上，这是一种不同寻常的发展：中

---

[1] 莱亚德，《乱伦禁忌》，281 页及后页。

[2] 莱亚德，《乱伦禁忌》，284 页。我也许应该指出，《转变的符号》464 段及后段得到了类似结论。

世纪研究者的意识头脑仍然受到形而上学思想的影响，但他无法从自然中得到这些思想，因此将其投射到自然中。他在物质中寻找这些思想，因为他认为，他最有可能在物质中找到它们。这其实是神性的转移问题，其反方向是从国王到神祇。神性似乎以某种神秘方式从精神世界转到了物质领域。不过，这种对于物质的向下投影使莫里埃努斯·罗马努斯（Morienus Romanus）等古代炼金术师清晰意识到，这种物质不只是人的身体（或者其中的某种成分），而是人的人格。这些拥有先见之明的大师已经超越了迟钝但必然会出现的唯物主义阶段，后者当时还没有诞生。到了现代，心理学才发现，炼金术师所说的这种人类"物质"其实是心理。

在心理学层面，姑表婚姻错综复杂的关系在移情问题中重新出现。这里的难题在于，阿尼玛和阿尼姆斯被投射到它们对应的人类身上，通过暗示形成了明显可以追溯到群体婚姻时期的原始关系。不过，阿尼玛和阿尼姆斯显然代表人格的异性成分，因此它们的亲缘性质不是指向过去的群体婚姻，而是指向"未来"的人格整合，即个体化。

我们今日崇拜意识的文明——如果它能叫做文明的话——拥有基督教印迹，这意味着阿尼玛和阿尼姆斯没有得到整合，仍然处于投影状态，即表达为教条。在这个层面上，这两个人物作为人格成分位于潜意识中，但它们的有效性很明显，因为新郎和新娘的教条思想拥有神圣的光环。不过，我们的"文明"其实是非常可疑的命题，与崇高的基督教理想显然相去甚远。所以，投影在很大程度上摆脱了神祇，不可避免地进入人间。这完全可以理解，因为"开明"知识分子无法想象比人类更伟大的事物，除了自称政府或元首的极权、自负、自以为是的家伙①。这种倒退在德国和其他国家明白无误地表现出来。即使在不太明显的地方，讨厌的投影也对人际关系产生了令人不安的影响，至少毁掉了四分之一婚姻。如果我们不是用对错、真假和善恶标准衡量世界历史的

————————

① 指希特勒政府。——译者注

变迁，而是寻找所有进步中的倒退，所有善良中的邪恶，所有真理中的错误，我们可以将当前的倒退与从经院哲学到自然哲学神秘趋势再到唯物主义的明显倒退进行比较。唯物主义导致了经验科学，使人获得了对于心理的全新理解。类似地，极权精神错乱及其可怕后果和令人难以忍受的人际关系问题迫使我们关注心理以及我们对于心理的极度无知。整个人类从未如此大规模地经历过神性的心理因素。在某种意义上，这是无与伦比的灾难和倒退，但是这种经历也可能拥有积极一面，在重建时代可能孕育更加高贵的文化。同系交配冲动最终可能不会变成投影，它可能试图根据姑表婚姻模式统一人格的不同成分，但这发生在更高层面上。在这里，"精神婚姻"成了不会得到投射的内心体验。这种经历早已在梦境中被描绘成一分为四的曼陀罗，它似乎代表了个体化过程的目标，即自性（self）。

随着人口增长和婚姻类别的持续二分，异系交配秩序进一步扩张，所有障碍逐渐消失，只剩下了乱伦禁忌。最初的社会秩序让位于其他组织因素并以现代国家思想为顶点。现在，过去的一切渐渐沉入潜意识，最初的社会秩序也是如此。它代表了以最幸运方式结合异系交配和同系交配的原型，因为它在阻止兄妹婚姻的同时提供了姑表婚姻的替代方案。这种关系足够亲密，可以多少满足同系交配倾向，同时又足够疏远，可以纳入其他群体，扩大部落的秩序凝聚力。随着二分的持续，异系交配障碍逐渐消失，同系交配倾向必然会获得力量，以便为同族关系提供足够的分量，将其维系在一起。这种反应主要体现在宗教领域，随后是政治领域，伴随着宗教社会和教派的发展——我们只需要考虑兄弟会以及基督教的"兄弟之爱"理想——以及国家的发展。国际化的日益发展和宗教的衰落在很大程度上消除了这些最后残存的障碍，这一趋势未来还将继续，但它创造了一个没有固定结构的群体，其初期症状已经体现在现代大众心理现象中。因此，最初的异系交配秩序正在迅速进入受到努力限制的混乱状态。对此，只有一种补救措施，即个体的内心统一，否则个体将不可避免地失去理智，沦落到大众心理的水平。对此，不久前发生的事情为我们提供了最为清晰的例证。任何宗教都没有提供任何保护，作为组织因素的国家成了制造大众人最为高效的机器。在这种条件下，个体只能依靠对于大众心理毒素的免疫。我说过，你可以想到，同系交配倾向会作为补充进行干预，恢复同族婚姻，或者在心理层面即个体内部恢复人格分裂成分的统一。这将对抗持续二分和集体人的心理分裂。

极为重要的是，这一过程应该有意识地进行，否则大众头脑的心理后果就会得到巩固，永远存在。这是因为，如果个体的内心统一不是有意识实现的，它就会自发出现，具有众所周知的集体人对他人展示出的那种惊人的铁石心肠。他会成为仅由恐慌和欲望控制的没有灵魂的畜牲：他的灵魂只能通过人际关系生存，因此他不可逆转地失去了灵魂。不过，有意识实现的内心统一会将人际关系作为不可缺少的条件，因为如果我们不能有意识地承认和接受与周围人的友谊，我们就无法合成人格。这种实现内心统一的神秘事物不属于个人，与自我无关，它高于自我，因为作为自性，它是自我的合成，是超越个人的潜意识。个体的内心统一不只是集体人在更高层面具有精神崇高性和不可接近性的巩固：它强调对于他人的包容。

由于移情只是投影，因此它既有联系作用，又有分裂作用。不过，经验表明，移情的某种联系不会随着投射的分离行为而被打破。这是因为，它的背后有一个极为重要的本能因素：亲缘力比多。异系交配倾向的无限扩张将亲缘力比多远远地推到了幕后，它只能在狭小的家庭圈子里找到很小的出口。有时，它甚至无法在这里找到出口，因为存在对于乱伦的合理抵制。当异系交配被同系交配限制时，它导致了自然的社会组织，这种组织今天已经完全消失了。现在，每个人都是陌生人中的陌生人。亲缘力比多仍然能产生令人满足的归属感，比如在早期基督教社会中，但它的对象早已被剥夺。作为本能，它无法通过信条、党派、民族和国家等简单替代物得到满足。它需要人的联系。这是整个移情现象的核心，对此你无法争辩，因为与自己的关系就是与他人的关系，只有与自己相联系，才能与他人相联系。

如果移情维持在投影层面，它所建立的联系就会表现出退行性具体化倾向，即恢复原始的社会秩序。这种倾向在我们的现代世界不可能有立足之地，因此在这个方向上的每次迈进只会导致更深的冲突，最终导致真正的移情神经症。所以，移情分析是完全必要的，因为如果患者想要获得自由决策所需要的更宽广视野，被投射的内容必须得到重新整合。

不过，如果投影被打破，联系可能会暂时崩溃，包括消极联系（恨）和积极联系（爱），此时似乎只剩下了专业面谈的礼节。这种时候，你不能替医生和患者长出一口气，因为你非常清楚，两个人的问题只是得到了推迟而已。问题迟早会在某个地方再次出现，因为它的背后隐藏着不安的个体化冲动。

个体化有两个主要方面：首先，它是内部主观整合过程，其次，它是同样不可缺少的客观人际关系过程。这两个方面缺一不可，任何一方都会在某个时候占据主导地位。这种双重性对应于两个危险。第一个危险是，患者会将源于潜意识分析的精神发展作为借口，以逃避人类的深层责任，假装具有某种经不起道德批评的"精神性"；第二个危险是，返祖倾向可能会抬头，将人际关系拉低到原始层面。这条夹在斯库拉和卡律布狄斯之间的通道很狭窄，中世纪基督教神秘主义和炼金术都为它的发现作出了贡献。

从这个角度看，尽管移情建立的联系可能令人难以承受和理解，但它对于个体和社会非常重要，对于人类的道德和精神进步也很重要。所以，当心理治疗师需要应对困难的移情问题时，他至少可以从这些反思中获得慰藉。他不只是在治疗某位具体的患者，后者可能很平凡，他也是在处理自己和自己的灵魂。在这个过程中，他可能在人类灵魂的天平上添加了一颗极小的谷粒。这种贡献可能细微而无形，但却是巨大的成就，因为它是在神性最近拜访过的领域完成的，人类问题的全部重量都在这里。心理治疗的终极问题不是私人事务——它们代表了至高责任。

3. 赤裸裸的真相

这张图（图 3）的文字引自《论黄金》[1]，并且作了几处改动。文中写道："涉足这种艺术和秘密智慧的人必须放弃傲慢的习惯，必须虔诚、正直、聪慧、善待他人、面带笑容、性格开朗、彬彬有礼。同样，他必须观察他所发现的永恒秘密。我的儿子，最重要的是，你必须敬畏上帝，他能看到你的一举一动，为一切孤独的人提供帮助。"[2]《玫瑰园》假托亚里士多德之名补充道："如果上帝能找到一个虔诚聪慧的人，他

---

① 阿拉伯专著，出处至今不明。它出版于《化学艺术》以及（加注的）《精选化学文献》，I，400 页及后页。

② 这一段与原始文本出入较大。原始文本是（《化学艺术》，14 页）："in quo est nisus tuae dispositionis, et adunatio cuiuslibet sequestrati." 参考《心理学与炼金术》，385 段，n. 87。

PHILOSOPHORVM.

seipſis ſecundum ęqualitatē inſpiſſentur. Solus
enim calor tēperatus eſt humiditatis inſpiſſatiuus
et mixtionis perfectiuus, et non ſuper excedens.
Nā generatiões et procreationes rerū naturaliū
habent ſolū fieri per tēperatiſsimū calorē et ęqua
lē, vti eſt ſolus ſimus equinus humidus et calidus.

图 3

就会向他透露秘密。"①

这显然是对于道德品质的要求。由此可见，作业不仅需要现代化学研究和实践中的那种智力和技术能力，而且是一项道德和心理任务。《玫瑰园》中充斥着这样的警告，它们暗示了执行宗教工作所需要的那种态度。炼金术师显然可以从这种意义上理解这幅作品，尽管我很难由此开始讨论这张图。纯洁的伪装脱落了②。男人和女人毫不害羞地以自然躯体相互面对。索尔说，"哦，露娜，让③我做你的妻子吧。"露娜说，"哦，索尔，我一定服从你。"鸽子上面的题词是："Spiritus est qui unificat."④（精神统一）这种评论很难与图中毫不掩饰的色情相匹配，因为如果索尔和露娜——注意，他们是兄妹——的话语不可能有其他含义，只能表示世俗之爱。不过，从上方降临的精灵据说是协调者⑤，因此这种场景获得了另

---

① 《炼金术》，II，227—228 页。

② 参考《雅歌》5：3："我脱了衣裳。"

③ 原文无法识别：?vgan。

④ 这 是 1593 年 版 的 文 字。1550 年 初 版 的 词 语 是 "vivificat"。

⑤ 鸽子也是爱情女神的标志，在古代是夫妻爱情的象征。

一层含义：它被视为精神的结合。图 3 中一个重要细节很好地证明了这一点：二人的左手不再接触。相反，露娜的左手和索尔的右手现在举着枝条（枝上开出了墨丘利之花，对应喷泉的三个水管），露娜的右手和索尔的左手在触摸花朵。左手关系已经没有了：两个人的手现在与"统一符号"相联系。这个符号也变了：现在只有三朵花，而不是五朵，不是八元组，而是六元组①，这是一个

---

① 参考约翰内斯·里杜斯（Joannes Lydus），《月》，II，11："他们将第六天归于福斯福洛斯（Phosphorus，晨星），后者可以带来温暖和具有生殖力的水分。也许对希腊人来说，他和昏星赫斯珀洛斯（Hesperus）都是阿弗洛狄忒（Aphrodite）的儿子。我们称阿弗洛狄忒为可见宇宙的本质，祭司提到的最初诞生的黑尔（Hyle），既像星星，又有天堂属性。数字 6 最擅长生成，因为它既奇又偶，奇性为它带来了积极性（περιττòν 也表示'多余'或'过多'），偶性为它带来了物质性。所以，古人也称之为'婚姻与和谐'。对于信仰数字 1 的人来说，6 是唯一在所有方面堪称完美的数字，它的一半是数字 3，它的三分之一是数字 2，它的六分之一是数字 1，这三者又可以结合成 6（6=3+2+1）。他们还说，6 既是阳数，又是阴数，就像阿弗洛狄忒本人一样，后者既是男性，又是女性，因此被神学家称为'雌雄同体者'。还有人说，数字 6 可以生成灵魂（或者属于 ψυχογονια, ψυχογονικός），因为它会扩展成地球（επιπεοουμενο=πολλαπλασιασμός），而且对立事物在它里面混合。它会导致相同思想和友谊，为身体带来健康，为歌曲和音乐带来和谐，为灵魂带来美德，为国家带来繁荣，为世界带来远见。"

六角形象。所以，双重四元组被双重三元组取代。这种简化显然是因为，两个元素结成了对子，其对象很可能是其对立面，因为根据炼金术理论，每个元素内部包含其对立面。具有"爱情"形式的异性相吸已经实现了元素的部分结合。现在，只剩下了一对对立事物：男性—女性，或者主动—被动。根据玛利亚公理，基本四位一体变成了主动三位一体，这将导致两种物质的化合。

在心理学上，我们可以说，这一场景脱去了传统的外壳，发展成了与现实的直接接触，没有任何虚伪的面纱和装饰。男人以真实面目站在那里，展示出了隐藏在传统适应面具下的阴影。这个阴影现在进入了意识，与自我相结合，这意味着朝向完整的移动。完整不像完全那样完美。可以说，男人吸收阴影之后获得了身体；动物领域的本能和原始古老心理进入意识区域，不能继续被虚构和幻象所抑制。这样一来，男人自身成了难题，这是他的真面目。要想有所发展，他必须时刻意识到，他存在很大的问题。

倒退导致了片面发展甚至停滞，最终导致精神分裂。今天，它不再是"我如何摆脱自己的阴影"的问题——因为我们见过足够多的片面诅咒。相反，我们必须问自己："人要如何与自己的阴影共存，同时避免一系列灾难？"对于阴影的认识足以使人谦卑，对于人类内心深处产生真正的恐惧。这种警告极为方便，因为没有阴影的人之所以认为自己对人无害，恰恰是因为他不知道自己的阴影。认识到自己阴影的人非常清楚，他不是无害的，因为古代心理和整个原型世界与意识头脑产生了直接接触，使其沉浸在古代影响中。这自然增加了"异性相吸"的危险，以及它的欺骗性投影和用投影同化客体，将其拉进家庭圈子以实现隐性乱伦的冲动，这种冲动越是得不到理解，它似乎就越迷人，越有吸引力。虽然这种场景非常危险，但它也有优势。当赤裸裸的真相得到揭示时，讨论可以深入本质：自我和阴影不再分裂，而是被统一成一体——这当然是不稳定的。这是巨大的进步，同时更加清晰地显示了伴侣的"不同"，潜意识通常会提高吸引力，以缩小差距，通过某种方式实现理想的结合。所有这些源于下面的炼金术思想：维持加工过程的火焰必须首先调小，然后逐渐加大，达到最大强度。

4. 浸泡在浴缸里

　　图 4 出现了新的主题：浴缸。在某种意义上，这使我们回到了第一张图（图 1）的墨丘利喷泉，后者代表"上涌"。液体是墨丘利，它的名字不是三个，而是"一千"个。他代表神秘心理物质，我们今天称之为"潜意识心理"。上升的潜意识泉水接触到了国王和王后。或者说，他们进入水中，就像进入浴缸一样。这一主题在炼金术中有许多变体。下面是几个例子：国王面临着在海中沉没的危险；他是海底囚犯；太阳沉入墨丘利喷泉；国王在玻璃房里做汗蒸；绿狮子吞下太阳；加布里库斯（Gabricus）消失在妹妹贝亚（Beya）的身体里，分解成原子，等等。以水的形式出现的土精墨丘利，一方面被解释成无害的浴缸，另一方面被解释成"大海"的危险侵蚀。现在，他开

ROSARIVM

corrūpitur, necҩ ex imperfecto penitus fecundū
artem aliquid fieri poteft. Ratio eft quia ars pri
mas difpofitiones inducere non poteft, fed lapis
nofter eft res media inter perfecta & imperfecta
corpora, & quod natura ipfa incepit hoc per ar
tem ad perfectionē deducitur. Si in ipfo Mercu
rio operari inceperis vbi natura reliquit imper-
fectum, inuenies in eo perfectionē et gaudebis.

Perfectum non alteratur, fed corrumpitur.
Sed imperfectum bene alteratur, ergo corrup-
tio vnius eft generatio alterius.

Speculum

图 4

始从下方攻击王室夫妇，正如他之前曾以鸽子的形象从上方降落。前文图 2 中左手的接触显然唤醒了深层精神，引起了水的上涌。

沉浸在"大海"中的行为表示分解——它既表示物理意义上的分解，又像多恩说的那样，表示问题的解决[1]。它是对黑暗初始状态的回归，对妊娠子宫羊水的回归。炼金术师常常指出，他们的石头就像母亲子宫中的孩子一样生长，他们将赫尔墨斯容器称为"子宫"，将其内容物称为"胎儿"。关于石头的说法也适用于水："这种难闻的水包含它所需要的一切。"[2] 它自给自足，就像衔尾蛇一样。据说，衔尾蛇会孕育、杀死和吞噬自身。水是杀戮者和生命赋予者[3]。它是圣水，是驱

———————

[1] 多恩，《哲学思辨》，303 页："化学腐败可以比作哲学家的研究……哲学家的怀疑通过知识得到解决，就像身体分解一样。"

[2] 我把没有意义的"aqua foetum"解读成"aqua foetida"（胎儿之水）（《玫瑰园》，241 页）。参考《化学艺术》，64 页："绿狮子，即……难闻的水是万物之母，他们通过它准备……"

[3] 《玫瑰园》，214 页。参考《初生的曙光》，I，第十二章，新娘在此用上帝的话语（《申命记》32：39）描述自己："我使人死，我使人活……无人能从我手中救出来。"

邪之水①，是新生命的孕育之地。正如这张图的文字解释的那样："我们的石头将从两个自然身体中提取出来。"它还把水比作《翠玉录》中的风。《翠玉录》说："从风孕育。"《玫瑰园》补充道："显然，风是空气，空气是生命，生命是灵魂，即油和水。"② "灵魂（即精气灵魂）是油和水"的奇特思想来自墨丘利的双重性质。永恒之水是他的众多同义词之一，"欧勒乌姆""欧利吉尼塔斯""温克托苏姆""温克托西塔斯"等词语均表示神秘物质，也就是墨丘利。这一思想可以使人形象地想起教会使用的各种药膏和神水。前面提到的两个身体由国王和王后表示，这可能是指两种物质在弥撒圣餐杯中的混合。《贝利公爵的大祈祷书》显示了类似的化合③，其中两个圣仆在圣餐杯洗礼中正在给裸体"小男女"涂油。炼金术作业和弥撒之间显然存在联系，就像梅尔基

---

① 《玫瑰园》，213 页。

② 《玫瑰园》，237 页。这源于西尼尔，《化学》，19，31，33 页。

③ 参考《心理学与炼金术》，159 页。

奥·西比嫩西斯（Melchior Cibinensis）[1]在论文中证明的那样。《玫瑰园》写道："灵魂是索尔和露娜。"炼金术师用严格的中世纪三分法进行思考[2]：一切有生命的事物——哲人石显然是有生命的——都包括肉体、灵魂和精神。《玫瑰园》（239页）评论道，"身体是维纳斯（Venus），是女性，精神是墨丘利，是男性。"所以，灵魂作为身体和精神的纽带，是雌雄同体的[3]，即太阳和月亮的化合。墨丘利是优秀的雌雄同体者。由此可知，王后代表身体[4]，国王代表精神[5]，但如果没有灵魂，二者就没有关系，因为灵魂是将它们联

---

[1] 《亚当与程序》，《化学大观》，III，853页及后页。参考《心理学与炼金术》，480段及后段。

[2] 《初生的曙光》，I，第九章，"圣父、圣子和圣灵相类似，这三者在身体、精神和灵魂上合而为一，因为一切完美在计量、数字和重量上符合数字三。"

[3] 《被称为雷比斯的阿尼玛》《群众中的练习》，《炼金术》，I，180页。

[4] 根据弗米库斯·马特努斯（Firmicus Maternus）的说法 [《数学》，V，序言，编辑，克罗尔（Kroll）和斯库茨（Skutsch），II，3页]，露娜是"人类身体之母"。

[5] 在心理学上，你应该把男人解读成精神。

系起来的纽带①。如果没有爱情的纽带，他们就没有灵魂。在我们的图片上，鸽子和水分别从上方和下方实现了这种联系。它们构成了纽带——换句话说，它们是灵魂。所以，心理的深层思想表明，它是半肉体半精神的物质，是炼金术师所说的②"作为中间本性的灵魂"③，是能够统一对立事物的雌雄同体存在④，但在个体身上永远是不完整的，除非他与另一个个体相联系。没有联系的人类缺少完整性，因为他只能通过灵魂实现完整，而灵魂没有另一面就无法存在，这个另一面总是存在于"你"⑤身上。完整性是"我"和"你"的

---

① 有时，精神是纽带，或者是"热情的自然"［弗拉梅尔（Flamel），《作品集》，《化学大观》，I，887 页］。

② 参考《群众》，《炼金术》，I，180 页："精神和身体为一，灵魂充当协调者，与精神和身体同在。如果没有灵魂，精神和身体就会被火分开。由于灵魂与精神和身体合合，因此这个整体不会受到火焰和世上其他任何事物的影响。"

③ 参考《化学艺术》，《炼金术》，I，584 页及后页，及米利尤斯，《哲学改革》，9 页。

④ 参考温图伊斯（Winthuis），《双性恋》。

⑤ 这里的"你"是指与"我"不同的个体，下同。——译者注

结合，他们表现为超越性统一体的组成部分①，这个统一体的性质只能用符号理解，比如圆、玫瑰、轮子②以及太阳与月亮结合的符号。炼金术师甚至说，神秘物质的肉体、灵魂和精神是一体的，"因为它们都来自太一，属于太一，伴随太一，后者是它的根源"③。如果一件事物是自身的原因和起源，那么它只能是上帝，除非我们接受帕拉采尔苏斯主义者暗示的二元论。帕拉采尔苏斯主义者认为，第一原质是非创造物④。类似地，帕拉采尔苏斯之前的《玫瑰园》认为，第五元素是"自给自足的实体，不同于所有元素及其组成的一切"⑤。

---

① 我说的当然不是两个个体的合成或认同，而是自我与被投射到"你"中的一切事物的有意识统一。所以，完整性是内心过程的产物，这种过程本质上取决于一个个体与另一个个体的关系。人际关系为个体化铺平道路，使之成为可能，但它本身无法证明完整性。对于女性伴侣的投影包含阿尼玛，有时包含自性。

② 参考《心理学与炼金术》，索引。

③ 《玫瑰园》，369页。

④ 《心理学与炼金术》，430段及后段。

⑤ 251页。

现在来看这张图片涉及的心理学。显然，它表示进入潜意识。沉浸在浴缸中的行为是另一次"夜间航海"[1]，就像"阿里斯雷幻想"证明的那样。在那里，马里努斯国王（Marinus）将哲学家和兄妹关在海底三重玻璃房里。和原始神话类似，鲸腹中极为闷热，使主人公失去了头发。类似地，哲学家在监禁期间备受高温之苦[2]。英雄神话提到了重生和万物复原。类似地，《幻想》提到了塔布里提乌斯（Thabritius，即加布里库斯）的死而复活，在另一个版本中提到了他的重生[3]。夜间航海是一种冥界旅行，是前往超越这个世界、超越意识的某个地方，那里是鬼魂的土地。所以，它表示沉浸在潜意识中。

---

① 参考弗罗贝尼乌斯（Frobenius），《太阳神时代》。

② "阿里斯雷幻想"，见《炼金术》，I，148 页："我们停留在黑暗的波浪中，停留在夏季的高温中，停留在海洋的侵袭中。"

③ 参考密特拉（Mithras）"仅从力比多热量"中诞生。杰罗姆（Jerome），《反乔维尼安纳论》[米涅（Migne），拉丁文系列，卷 23，col. 246]。在阿拉伯炼金术中，导致融合的火焰也被称为"力比多"。参考《群众中的练习》。

在我们的图片（图 5a）中，这种沉浸是通过阴间炽热墨丘利的上升实现的，后者大概表示吞没二人 ① 的性欲力比多，它显然是神圣鸽子的对立面。鸽子总是被看作爱情鸟，但在基督教传统中也有纯粹的精神意义，这已被炼金术师接受。所以，二人在上方被圣灵符号统一，而他们沉入浴缸的行为似乎也从下方将他们结合，浴缸中的水是精神的对立面（"灵魂变成水意味着死亡，"赫拉克利特（Heraclitus）说）。这既是相反又是统一——只有将它看作心理学问题，它才是哲学问题。

这种发展概括了原人努斯（Nous）从天堂来到尘世，被弗西斯拥抱的故事——这一原始意象

---

① 见图 5a 的题词：

但在这里，国王索尔被牢牢地关起来，
哲学墨丘利倾泻在他身上。

没在墨丘利喷泉中的太阳（《玫瑰园》，315 页）和吞噬太阳的狮子（367 页）都有这一含义，它也暗示了墨丘利的火性（狮子是太阳之家）。关于墨丘利的这一性质，参考《精灵墨丘利》，第二部分，第 3 节。

贯穿了整个炼金术历史。这一阶段的现代对应物是性幻想的意识醒觉，它为移情增添了色彩。重要的是，即使在这种非常明确的场景中，二人仍然用双手握着圣灵带来的星状符号，后者象征了二人关系的含义，即男人对超越性完整的渴望。

5. 结合

哦，在我甜蜜怀抱中的露娜，

希望你像我一样强壮漂亮。

哦，索尔，你是人类所知最明亮的光，

但你需要我，就像公鸡需要母鸡。

海水淹没了国王和王后，他们回到了混乱的开始，即混沌。弗西斯热情地拥抱"光明男人"。正如文本所说："接着，贝亚（母亲海洋）漫过加布里库斯，将他包在子宫里，使他完全无法被人看到。她用深切的爱拥抱加布里库斯，将他完全吸收到她的身体里，将他分解成原子。"接着，文本引用了梅库利努斯（Merculinus）的诗句：

CONIVNCTIO SIVE
Coitus.

O Luna durch meyn vmbgeben/vnd ſuſſe mynne/
Wirſtu ſchön/ſtarck/vnd gewaltig als ich byn·

O Sol/du biſt vber alle liecht zu erkennen/
So bedarffſtu doch mein als der han der hennen.

ARISLEVS IN VISIONE.

Coniunge ergo filium tuum Gabricum dile=
ctiorem tibi in omnibus filijs tuis cum ſua ſorore
Beya

皮肤白皙的女士，

含情脉脉地靠近四肢红润的丈夫，

在极乐的夫妻结合中四臂相拥，

随着完美目标实现而融合分解：

他们合而为一，仿佛只有一个身体。

在炼金术师的丰富想象中，索尔和露娜的圣婚一直延伸到动物王国，就像下面的指导展示的那样："取一只科伊塔尼公狗和一只亚美尼亚母狗并交配，它们会为你生下和狗类似的儿子。"[1] 这种象征极其愚蠢。另一方面，《玫瑰园》[2] 又说"结合时刻会出现最大的奇迹"，因为这是产生哲人之子或哲人石的时刻。阿尔菲迪乌斯（Alfidius）的引文[3] 补充道："他们生成新的光线。"卡里德在谈到"和狗类似的儿子"时说，他"拥有天堂色彩"，"这个儿子将在这个世界和

---

① 《玫瑰园》，248 页。引自卡里德（Kalid），《炼金术的秘密》，《炼金术》，I，340 页。

② 《玫瑰园》，247 页。

③ 《玫瑰园》，248 页。

下一个世界里保护你"[1]。类似地，西尼尔说："她生下一个儿子，后者在所有事情上帮助父母，但他比父母更加光辉灿烂。"[2] 也就是说，他比太阳和月亮更加明亮。化合的真正含义是，它会生成某种完整统一的事物。它会恢复消失的"光明男人"，后者等同于诺斯底教和基督教象征中的逻各斯（Logos），存在于创造之前；我们也可以在圣约翰福音开头看到他。所以，我们面对的是某种宇宙思想，这足以解释为什么炼金术师会使用盛赞之辞。

这个核心符号的心理学并不简单。从表面上看，自然本能似乎取得了胜利。不过，如果更加

---

[1] 卡里德，《炼金术的秘密》，《炼金术》，I，340页："赫尔墨斯对父亲说：父亲，我惧怕家中的敌人。父亲说：我的儿子，取一只科拉西尼公狗和一只亚美尼亚母狗并交配，它们会生下一只拥有天堂色彩的狗。如果它渴了，你要给它海水喝，因为它会保护你的朋友，保护你免受敌人伤害。不管你在哪里，它都会帮助你。它会一直跟随你，不管是在这个世界里，还是在下一个世界里。"

[2] 《玫瑰园》，248页。发光属性是墨丘利的特征，也是原人迦约玛特和亚当的特征。参考克里斯滕森（Christensen），《原人的类型》，22页及后页，以及科胡特（Kohut），《塔木德－米德拉西的亚当故事》，68，72，87页。

仔细地考察，我们就会注意到，交配发生在水中，发生在黑暗之海中，即潜意识中。这一思想来自图片的一个变体（见图5a）。在这里，索尔和露娜仍然在水中，但他们长了翅膀。所以，他们代表精神——他们是空中生物，是思想生物。文本指出，索尔和露娜是两团蒸汽或烟雾，随着火焰热量的增加而逐渐形成，然后像长翅膀一样从正在蒸煮煎熬的第一原质中升起。[1] 所以，得到匹配的相反事物有时被表示成两只打架的鸟儿[2]，或者有翅膀和没有翅膀的龙[3]。两个空中生物在水面上或水下交配，这一事实丝毫没有使炼金术师感到不安，因为他非常熟悉这些同义词的可变性质。对他来说，水不仅是火，也是各种令人震惊的事物。如果将水解释成蒸汽，我们可能会更加接近

---

[1] 《玛利亚实践》(《炼金术》，I，321页）变二为四："他们是包围两道光的两团蒸汽。"这四者显然对应于四种元素，因为我们在320页读到："他说，如果人身上拥有全部四种元素，他们就可以集齐蒸汽，使其混合凝结。"

[2] 参考兰姆斯普林克（Lambspringk），《形象》，《赫尔墨斯博物馆》。

[3] 科隆纳《波利菲勒之歌》的卷首插画。参考《心理学与炼金术》，图4。

FERMENTATIO.

Hye wirb Sol aber verschlossen
Vnd mit Mercurio philosophorum ybergossen.

图 5a

真相。它指的是沸腾的溶液，是两种物质的结合地点。

关于图片的明确色情性质，我必须提醒读者注意，它们是给中世纪的人看的，因此拥有象征而非色情意义。中世纪诠释学和沉思甚至可以思考《雅歌》最微妙的段落而不生气，从灵性角度看待它们。我们应该从这种意义上理解关于结合的图片：生物层面的结合象征了最高层面的对立统一。这意味着王室绘画中对立事物的结合和交配一词的常用概念一样真实，因此作业成了自然过程的类比，本能能量借由这种自然过程至少部分转变成象征活动。这种类比的创造使整个本能和生物领域摆脱了潜意识内容的压力。反过来，象征的缺失会为本能领域带来过重的负担[①]。图 5 中包含的类比对现代人来说过于直白，因此几乎无法发挥作用。

所有专家都知道，医疗实践中遇到的类似心理现象常常具有幻想意象的形式。如果画下来，

---

① 所以有米利尤斯，《哲学改革》，182 页的矛盾说法："拥有符号的人很容易通过。"

它们与这里的图片几乎没有区别。读者也许记得我之前（377 段及后段）提到的典型案例。在这个案例中，受孕行为是用符号表示的。九个月后，潜意识似乎受到了到期暗示的影响，产生了生产或新生儿符号，而患者既没有意识到之前的心理受孕，也没有有意识地计算"怀孕"时间。通常，整个过程是通过一系列梦境暗中进行的。只有事后分析梦境内容，你才会发现它。根据许多炼金术师的计算，作业时间等于怀孕时间。他们将整个过程比作妊娠期[1]。

这里主要强调了神秘合一，前面图片中的统一象征清晰表明了这一点。这种象征在结合的图片中消失了，这也许拥有深层意义。这是因为，在这个节点上，象征的意义得到了完成：这对伴侣自身成为象征。起初，他们各代表两种元素；接着，他们各自统一成了一体（阴影的融合）；最后，二者和第三者成为整体——"让二者的命运，合为健康的一体。"所以，玛利亚公理得到了

---

[1] 参考卡里德，《三词书》，《炼金术》，I，355，356 页。

完成。在这种结合中，圣灵也消失了。为弥补这一点，索尔和露娜自身成为精灵。所以，真正的含义是歌德所说的"高级交配"①，是潜意识身份的结合，可以比作原初混乱状态，即混沌，或者神秘参与状态。在这种状态中，异质因素融入潜意识关系中。化合与此不同，这不是因为化合是一种机制，而是因为它在本质上永远不是初始状态：它总是过程的产物或努力的目标。心理学也是如此。不过，在心理学中，化合是在无意中发生的，所有认真而拥有生物学头脑的医生都会与它斗争到底。所以，他们研究如何"解决移情"。患者消除对医生的投影对于双方都有好处。如果能够做到这一点，你可以将其看作积极结果。由于患者的不成熟，或者由于他的性情，或者由于理智和常识的要求，被投射的潜意识内容的持续转变可能会陷入绝望的停滞，同时外部会出现机

---

① 你将不再是囚犯

被最阴暗的困惑围绕；

新的欲望将你唤起，

追求更加高级的交配。

——《东西合集》

会，可以让患者将投影转移到另一对象。此时，投影的撤销就是可行的。这种解决方案的好处就像劝一个人不要去修道院，或者不要踏上危险的旅程，或者不要开启被所有人反对的婚姻。理智当然很伟大，但有时，我们必须问自己：我们对于个体命运是否真的足够了解，能够在所有情况下给出良好建议？我们当然必须根据最佳信念行动，但我们能否确定，我们的信念对于他人是最好的？我们常常不知道什么对自己是最好的，并在随后的岁月里发自内心感谢上帝，因为他用善良的手拉住我们，使我们远离了之前的"理智"计划。批评者很容易在事后指出，"但是这种理智有问题！"谁能百分之百确定自己的理智没有问题？而且，真正的生活艺术有时应该不顾一切理智的反对，将不理智、不合适的事物纳入考虑范围，这难道不是非常重要吗？

所以，我们不应该对下面的现象感到吃惊：在许多案例中，尽管尝试了所有办法，尽管患者——从理性角度看——获得了必要的理解，他和医生都没有任何技术疏忽，但是移情依然无法得到解决。两个人可能会被潜意识的严重非理性深深震撼，认为最佳做法是用极端决定斩断戈尔迪之结。不过，对这些连体婴儿的手术分离是一种危险操作，它可能会成功，但是根据我的经验，成功案例少之又少。对于这个问题，我坚持保守的解决方案。如果情况真的非常严重，无法考虑其他可能性，潜意识又显然要求保留联系，那么你必须带着希望继续治疗。隔离也许只能发生在随后某个阶段，但它也可能是心理"怀孕"案例，其自然结果只能耐心等待。它也可能是致命案例，此时不管对错，我们只能承担风险或者回避责任。医生知道，不管走到哪里，人都是由命运掌控的。即使是最简单的疾病也会产生惊人的并发症；同样出人意料的是，看似非常严重的病情可能会出现好转。医生的治疗有时有用，有时没用。特别地，在心理学领域，我们仍然知之甚少，常常遇到难以预料和难以解释的事情——我们很难理解这些事情。你不能使用蛮力。有时，蛮力看似取得了成功，但你事后通常会后悔。你最好时刻意识到个人知识和能力的局限。最重要的是，你需要宽容和耐心，因为时间常常比医术更有用。不是所有事情都能治愈，也不是所有事情都必须治愈。有时，阴暗的道德问题和难以解释的命运转折隐藏在神经症的伪装下。一位患者多年来患有抑郁症，而且对巴黎拥有无法解释的恐惧。她成功摆脱了抑郁，但无法解决恐惧问题。她自我感觉良好，准备无视恐惧症，冒险前往巴黎。她成功抵达了巴黎。第二天，她在汽车事故中丧生。另一位患者对于台阶拥有奇特而持续的恐惧。一天，他遇到了街头骚乱，有人开枪射击。他的旁边有一座公共建筑物，门前有一段宽阔的台阶。他不顾恐惧症，顺着台阶往上跑，希望在建筑物里避难。结果，他被一颗流弹击毙，倒在台阶上。

这些例子表明，心理症状需要得到最为谨慎的判断。移情的各种形式及其内容也是如此。它们有时为医生带来几乎无法解决的问题，或者为他带来各种担忧，达到甚至超过承受极限。特别地，如果他拥有鲜明的道德人格，认真对待心理工作，这可能会导致道德冲突和忠诚分裂，其真实或假设的不兼容性导致了不止一场灾难。所以，根据长期经验，我想让读者提防过高的治疗热情。心理工作充满了障碍，但这个领域却聚集了一批无能之辈。医学教育领域在很大程度上应该为此负责，因为他们多年来拒绝承认心理是一种致病因素，而且没有为心理指派其他用途。无知当然永远都是不可取的，但最好的知识常常也是不够的。所以，我要对心理治疗师说：每天都要谦卑地记得，一切都需要学习。

读者不能指望心理学家去解释，什么是"高级交配"、化合和"心理怀孕"，更不要说"灵魂之子"了。如果刚刚接触这个微妙主题的人或者读者愤世嫉俗地自我认为这些思想是骗人的，讨厌它们，用同情的微笑和令人不快的虚礼将其推到一边，你也不应该生气。没有偏见、仅仅探寻真理的科学探索者必须提防草率的判断和解释，因为他在这里面对着知识分子无法伪造和杜撰的心理事实。医生的患者之中包含明辨是非的聪明人，他们和医生都可以给出最为轻蔑的解释，但他们不能在这些一致事实面前使用这种武器。"胡说八道"之类的词语只适用于琐事——不适用于在寂静孤独的夜晚在你头脑中肆虐的事物。从潜意识中泛起的意象正是如此。我们如何称呼这一事实对于问题没有任何影响。如果它是疾病，那么你必须根据它的性质治疗这种癫痫。医生可以自我安慰，因为和其他同事类似，他不仅拥有可以治愈的患者，而且拥有长期患者，此时治疗变成了护理。不管怎样，根据经验材料，我们不能永远称之为"疾病"；相反，你会意识到，它是道德问题。通常，你需要一个不会询问和传教的牧师，让他聆听和遵守你的话语，把这种奇特事物呈献在上帝面前，由上帝做决定。

耐心和道德在这种工作中是绝对必要的。你必须等待事件发生。工作有许多——你要仔细分析梦境和其他潜意识内容。如果医生无法正确分析，患者也无法正确分析。所以，医生应该真正了解这些事情，而不是仅仅拥有观点，后者是现代哲学为普通人提供的垃圾。为了增加这种急需的知识，我对这些早期时代进行了研究，当时自然内省和投射仍然在运作，反映了我们今天几乎无法触及的心理腹地。通过这种方式，我为我自己的工作获取了许多知识，尤其是对于相关内容可怕吸引力的理解。它们对患者也许并不总是特别具有吸引力，因此患者因相应的强烈冲动纽带而痛苦，他可以在这种纽带的强度中重新发现潜意识意象的力量。不过，他会本着时代精神，努力对这种纽带做出理性解释，因此不会感知和承认移情的非理性基础，即原型意象。

6. 死亡

死去的国王和王后躺在这里，

灵魂在巨大痛苦中飞驰。

赫尔墨斯容器、喷泉和大海在这里变成了石棺和坟墓。国王和王后已经死去，融合成了一个双头人（见图 6）。生命的盛宴被葬礼的挽歌取代。加布里库斯在与妹妹结合后死去，近东①的儿子情人在与母神完成圣婚后总是夭折。类似地，在对立事物化合后，死亡般的寂静降临了。当对立事物结合时，一切能量停止了，不再流动。在婚姻喜悦和渴望的湍流中，瀑布降落到了最深处。现在，只剩下了停滞的水池，没有波浪和水流，至少从外部看来如此。根据传说，这幅画代表了过往生物的腐败。不过，这张图（图 6）也带有

_____

① 近东是指地中海东部沿岸地区。——译者注

PHILOSOPHORVM.
CONCEPTIO SEV PVTRE
factio

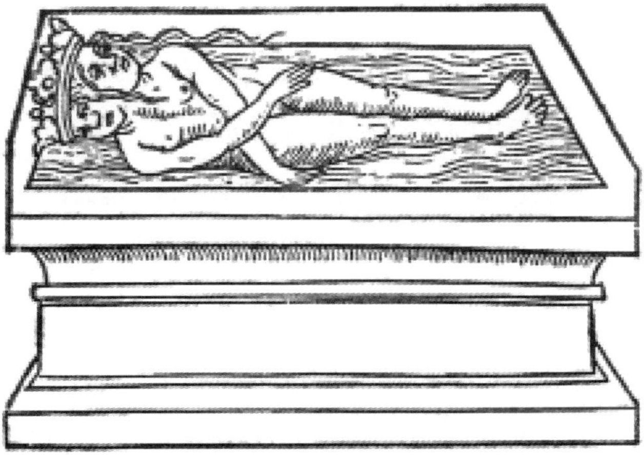

Hye ligen konig vnd koningin dot/
Die sele scheydt sich mit grosser not.

ARISTOTELES REX ET
Philosophus.

Nunquam vidi aliquod animatum crescere sine putrefactione, nisi autem fiat putridum inuanum erit opus alchimicum.

图 6

《受孕》的标题。文字写道："一个人的腐败是另一个人的生成"①，这意味着这种死亡是中间阶段，紧随其后的是新生命。炼金术师说，没有旧生命的死亡，新生命就不会产生。他们将炼金术比作播种者的工作。播种者将种子埋在土里，种子死去并唤醒新生命②。所以，他们的死亡、遇难、腐败、燃烧、梵化、煅烧等是在模仿自然的工作。类似地，他们将他们的工作比作人类的死亡。没有死亡，永恒的新生命就无法实现③。

盛宴留下的尸体已经成了新的身体，即雌雄同体者（赫尔墨斯－墨丘利和阿弗洛狄忒－维纳

---

① 《论阿维森纳》,《炼金术》, I，426 页。

② 参考《初升的曙光》, I，第十二章（《约翰福音》12：24 之后），霍图拉努斯，（鲁斯卡,《石板》, 186 页）："它（石头）也叫小麦粒，它保持独立，直到死去。"令一个比喻同样令人喜爱，但也同样悲伤："我们以鸡蛋为例：它先腐烂，然后生出小鸡，即有生命的动物从整体的腐败中诞生。"——《玫瑰园》, 255 页。

③ 参考鲁斯卡,《群众》, 139 页："不过，教义之子，那样东西需要火焰，直到它身体的灵魂被改变，通过夜晚被送走，就像坟墓中的人，然后变成灰尘。此时，上帝会把它的灵魂和精神还给它。那样东西摆脱了一切缺点，得到加强……正如人在复活后变得更强。"

斯的混合）。所以，在炼金术插图中，身体的一半是男性，另一半是女性（在《玫瑰园》中，左半边是女性）。由于雌雄同体者是人们长期寻找的石头，因此它象征未被遗忘的神秘存在，即作业的目的。不过，作业还没有完成目标，因为石头还没有获得生命。后者被看作动物，被看作拥有身体、灵魂和精神的生物。根据传说，共同代表身体和精神的二人死去，灵魂（显然只有一个[①]灵魂）"极为痛苦地"离开他们[②]。虽然这里也有各种其他含义，但你无法摆脱下面的印象：死亡是对乱伦罪恶某种无言的惩罚，因为"罪的工价乃是死。"[③] 这可以解释灵魂的"巨大痛苦"，以及图片变体[④]中提到的黑暗（"在这里，太阳变黑

———————————

① 参考里杜斯描述六元组时提到的 ψυχογονια，上文 451 段，n.8。

② 参考西尼尔，《化学》，16 页："被交给死亡的事物经过巨大的磨难再次获得生命。"

③ 对于炼金术师，《创世记》2∶17 有一个先例："因为你吃的日子必定死。"亚当的罪恶是创世故事的一部分。"亚当犯罪时，他的灵魂死去了。"圣额我略一世（Gregory the Great）说（书信第一百一十四，米涅，卷 77，col. 806）。

④ 《炼金术》，II，324 页。

了")①。这种黑暗是不洁，因为随后的洗涤是必要的。化合具有乱伦性，因此是罪恶，会留下污染。黑化总是与黑暗共同出现，后者是子宫、冥界乃至地狱的黑暗。所以，始于婚姻浴缸的下潜触到了底部，即死亡、黑暗和罪恶。不过，对于炼金术士，期待中雌雄同体者的出现显示出了事情的积极一面，尽管其心理意义起初并不清晰。

这张图（图6）描绘的场景是某种圣灰星期三②。清算得到呈现，黑暗的深渊等在前面。死亡意味着意识的彻底消失和心理生活的完全停滞，前提是这种心理生活拥有意识。婚姻结合极

---

① 这里出现的黑化不是初始状态，而是之前工序的产物。作业中各阶段的时间顺序具有很大的不确定性。我们在个体化过程中看到了相同的不确定性，因此你只能非常笼统地构造典型的阶段顺序。这种"无序"的深层原因很可能是潜意识的"永恒"性质。在潜意识中，意识序列变成了同时发生的事物，变成了一种现象。我称之为"共时性"。从另一个角度，我们有理由用同样真实的"空间弹性"类比，称之为"潜意识时间的弹性"。关于心理学与原子物理学之间的关系，参考迈耶，《现代物理》。

② 圣灰星期三是基督教大斋首日。——译者注

具灾难性，成了许多地方年度哀悼的对象［比如对利诺斯（Linus）、塔穆兹（Tammuz）①和阿多尼斯（Adonis）的哀悼］，它一定对应于某个重要原型，因为即使是今天，我们也有受难节。原型总是代表某种典型事件。我们看到，化合涉及两个人物的结合，一个代表白昼本原，即清晰的意识，另一个代表黑夜之光，即潜意识。由于后者无法直接被人看到，因此它总是得到投射；因为和阴影不同，它不属于自我，而是集体共有的。所以，我们感觉它是陌生事物，怀疑它属于和我们拥有情感联系的某个具体个体。而且，男人的潜意识拥有女性特征；它隐藏在他的女性一面之中，他自然无法在自己身上看到女性一面，只能在吸引他的女人身上看到女性一面。这也许就是灵魂（阿尼玛）属于女性的原因。所以，如果男人和女人融合在某种潜意识身份中，男人会接收女人阿尼姆斯的特征，女人会接收男人阿尼玛的特征。没有意识人格的干预，阿尼玛和阿尼姆斯

---

① 《以西结书》8：14："谁知，在那里有妇女坐着，为搭模斯哭泣。"

就无法形成，但这并不意味着它所导致的局面仅仅是人际关系或人际纠葛。人的一面的确存在，但不是重点。重点是局面的主观体验——换句话说，你不能认为你与伴侣的人际关系扮演着最重要的角色。相反，最重要的是男人与阿尼玛的关系以及女人与阿尼姆斯的关系。化合也不是与个人伴侣发生的，而是女人的男性主动一面（阿尼姆斯）和男人的女性被动一面（阿尼玛）之间发生的高贵游戏。两个人总是引诱自我认同他们，但是只有拒绝认同，真正的理解才能得以实现，就连人际层面也是如此。非认同需要很大的道德努力。而且，只有当你不把它作为回避必要个人理解程度的借口时，它才是合法的。另一方面，如果用过于个人化的心理学观点处理这项任务，我们就会忽略一个事实：我们处理的原型与个人没有任何关系。相反，它是发生范围极具普遍性的先验事物。因此，你通常似乎应该称之为"阿尼玛和阿尼姆斯"，而不是"我的阿尼玛和我的阿尼姆斯"。作为原型，这些形象具有半集体性和非个人性。所以，当我们认同它们并且天真地认为我们已成为真正的自己时，我们距离自己是最远的，反而更加接近智人的平均形象。高贵游戏中的个人主人公应该时刻记得，归根结底，它代表了原型形象的"跨主观"结合。你永远不要忘记，它是象征关系，其目标是彻底的个体化。在我们的图片系列中，这一思想是用玫瑰暗示的。所以，当作业以玫瑰或轮子的形象出现时，单纯的潜意识人际关系就变成了心理学问题，虽然它可以避免图片堕入彻底的黑暗，但它完全无法抵销原型的作用力。和错误的道路类似，正确的道路也必须付出代价。不管炼金术师如何赞美神圣自然，它都是违背自然的作业。乱伦是违背自然的，不屈服于热切欲望也是违背自然的。不过，自然借助亲缘力比多，使我们产生了这种态度。正如假托德谟克利特（Democritus）之名的人所说："自然享有自然，自然征服自然，自然统治自然。"[①] 人的本能并非都能得到和谐安排，它们一直在相互排挤。古代人非常乐观，

---

① 贝特洛，《希腊炼金术》，II，i，3。

将这种斗争看作对于更高秩序的追求，而不是混乱的泥潭。

所以，与阿尼玛和阿尼姆斯的相遇意味着冲突，使我们直面艰难的困境，后者是自然亲自制造的。不管你选择哪条路，自然都会受到羞辱，它一定会受苦，甚至死亡；因为只具有自然属性的人在自己的生命中必然会有一部分死去。所以，基督教十字架符号是"永恒"真理的原型。中世纪图片展示了基督是怎样由于自己的美德被钉在十字架上的。其他人由于罪行遭遇了同样的命运。任何追求完整性的人都无法逃过这种典型的十字架，其含义是暂停，因为他总会遇到阻挠反对他的事物：首先是他不希望成为的事物（阴影），其次是不是他的事物（"他者"，"你"的个体现实），第三是他的心理非我（集体潜意识）。这与我们自己的目标相冲突，其象征是国王和王后举起的交叉树枝。二人本身就是十字架，国王是男人的十字架，具有阿尼玛的形式。王后是女人的十字架，具有阿尼姆斯的形式。与集体潜意识的相遇是致命的，自然人对此一无所知，直到集体潜意识降临。正如浮士德所说："你只知道一种冲动／哦，愿你永远不知道另一种！"

这一过程隐藏在整个作业背后，但它起初令人极为困惑，因此炼金术师试图象征性地描述冲突、死亡和重生。他们先是在更高层面上，在实践中，以化学转变的形式进行描述；然后，在理论上，以概念意象的形式进行描述。同样的过程可能也隐藏在某些宗教作品的背后，因为教会象征和炼金术之间存在明显的相似性。在心理治疗和神经症心理学中，它被看作典型心理过程，因为它代表了移情神经症的内容。心理学作业的最高目标是意识醒觉，第一步是使人意识到之前被投射的内容。这种努力会使他逐渐了解搭档和自己，能够区分一个人的真实面目和被投射到他身上的内容，或者他对自己的想象。同时，他沉浸在自己的努力中，几乎无法意识到"自然"作为驱动力和帮助者发挥了多大作用——即本能对于实现更高意识水平的要求。这种追求更高、更全面意识的冲动孕育出了文明和文化，但是必定无法实现目标，除非人主动为之服务。炼金术师认为，艺术家是工作[①]的仆人，使工作得到成果的不是他，而是自然。不过，人仍然必须要有意志和能力，否则冲动只会停留在自然象征层面，只会使人歪曲追求完整性的本能。要想实现目标，这种完整性需要整体的所有部分，包括被投射到"你"身上的部分。本能在那里寻找它们，以便再现王室夫妇，后者存在于每个人的完整性之中，它是"不需要任何事物，只需要自己"的双性原人。每当这种对于完整性的追求出现时，它都会首先伪装成乱伦符号，因为如果男人不在自己身上寻找，他只能在母亲、姐妹或女儿身上找到离他最近的女性对应物。

随着投影的融合——无限天真的单纯自然人永远无法意识到这一点——人格得到了极大扩充，正常自我人格几乎消失了。换句话说，如果个体认同等待整合的内容，就会出现积极或消极膨胀。积极膨胀非常类似于拥有某种意识的自大狂。消极膨胀会被感受成自我的湮灭。两种情况可能交替出现。不管怎样，始终处于潜意识中并且得到

---

① 这里的"工作"是指炼金工作，下同。——译者注

投射的内容一旦得到整合，会对自我造成严重伤害。炼金术师将其表述成死亡、毁尸、中毒象征以及奇特的水肿，后者在"梅里努斯之谜"[1]中被表示成国王大量饮水的欲望。由于喝水太多，他出事了，只能由亚历山大医生来医治[2]。他陷入昏迷，陷入分裂状态——"我的四肢似乎相互分离"[3]。实际上，就连炼金之母也现出了下肢水

---

[1] 梅里努斯（Merlinus）和魔法师梅林（Merlin）几乎没有关系，正如"阿图斯国王"（Artus）和亚瑟王（Arthur）无关。梅里努斯很可能是"梅库利努斯"，后者是墨丘利的爱称，也是某个炼金术哲学家的笔名。"阿图斯"是希腊名字，对应于"荷鲁斯"（Horus）。墨丘利的变形"Merqulius"和"Marqulius"（马丘利乌斯）在阿拉伯文献中得到了证明。尤南·本·马丘利乌斯（Junan ben Marqulius）就是希腊的伊翁（Ion）。根据拜占廷神话，他是墨丘利的儿子［楚尔森（Chwolsohn），《塞巴人》，I，796 页］。阿尔–马克里齐（Al–Maqrizi）说："墨丘利人……是埃德萨人，在哈兰附近，"他们显然是塞巴人（同上，II，615 页）。佐西莫斯所说的伊翁（贝特洛，《希腊炼金术》，III，i，2）很可能就是上面的伊翁。

[2] 梅里努斯，《神秘石头的寓言》，《炼金术》，I，392 页及后页："但国王不停喝水，直到四肢鼓起，血管膨胀。"

[3] 在《论黄金》（《赫尔墨斯博物馆》，51 页）中，国王为了强壮和健康喝下了"佩尼格拉水"，文中说这种水"贵重而健康"。国王代表新生和自性，他同化了"黑水"，即潜意识。在《巴录启示书》中，黑水代表亚当的罪恶、弥赛亚的到来和世界的终结。

肿[1]。在炼金术中，膨胀显然会发展成水肿[2]。

炼金术师宣称，死亡也是哲人之子的孕育，这是原人学说的奇特变体[3]。通过乱伦繁殖后代是王室和神祇的特权，普通人无法享受这种权利。普通人是自然人，但国王或英雄是"超自然"人，是属灵的人，受过"精神和水的洗礼"，即从圣水中诞生。他是诺斯底基督，在凡人耶稣受洗时降临到他身上，在他死前离开他。这个"儿子"是新人，是国王和王后结合的产物——但在这里，他不是王后生出来的，国王和王后自身通过转变获得了新生[4]。

用心理学语言来说，神话是这样的：意识头脑或自我人格与人格化为阿尼玛的潜意识结合，生成了由二者组成的新的人格——"让二者的命运，合为健康的一体"。新的人格不是位于意识和潜意识中间的第三种事物，而是由二者组成的。

---

[1] 《初升的曙光》，II，选自《炼金术》，I，196 页。

[2] 所以有下面的警告："当心水肿和挪亚洪水。"——里普利（Ripley），《完整化学作业》，69 页。

[3] 参考《心理学与炼金术》，456，457 段。

[4] 多个版本之一。

它超越了意识，因此我不能继续称之为"自我"，只能给他取名为"自性"。在此，我必须请读者参考印度阿特曼思想，其个人和宇宙存在模式与心理学的自性和哲人之子思想完全对应[①]。自性既是自我又是非我，既有主观性又有客观性，既有个体性又有集体性。它是"统一象征"，代表了对立事物的完全统一[②]。所以，根据其矛盾性质，它只能用符号来表示。这些符号出现在梦境和自发幻想中，在患者的梦境、素描和油画中以曼陀罗形式得到视觉表达。所以，准确地说，自性不是信条或理论，而是源于自然自身工作的意象，是完全没有任何意识意图的自然象征。我必须强调这个显而易见的事实，因为某些批评家仍然相信，潜意识的显现可以解释成单纯的推测。实际上，它们是我们观测到的事实，每个需要处理这种病例的医生都知道这一点。自性的整合是出现在人生后半阶段的基本问题。在内在人的发展成为迫切问题之前，拥有曼陀罗所有特征的梦境符号可

---

① 这只是心理学类比，不是形而上学类比。

② 参考《心理类型》（1923 版，320，321 页）。

能早已出现。这种事情的孤立现象很容易被人忽视，因此我所描述的现象似乎罕见而奇特。事实并非如此。每当个体化过程成为意识检查的对象时，每当精神病患者的集体潜意识用原型形象充斥意识头脑时，这种现象都会出现。

7. 灵魂升天

四种元素在此分裂，

因为灵魂离开了无生命的尸体。

这张图（图7）将腐败向前推进了一步。灵魂离开腐尸，向天堂上升。只有一个灵魂离开了二人，因为二人已经合而为一。这体现了灵魂作为纽带或韧带的性质。它是一种关系功能。和真正的死亡类似，灵魂离开身体，返回天堂。二人的合而为一代表他们的变形，尽管这一过程还没有完成，仍然处于"孕育"状态。不过，和孕育的通常含义不同，灵魂不是从天而降，为身体赋予生命，而是离开身体，向天堂上升。"灵魂"显然代表统一思想，它还没有成为明确事实，目前只是一种可能性。由未婚夫和未婚妻组成的完整性思想与"宇宙圆球"[1]有关。

---

① 《论黄金》，《赫尔墨斯博物馆》，47页。

ROSARIVM
ANIMÆ EXTRACTIO VEL
imprægnatio

Hye teylen sich die vier element/
Aus dem leyb scheydt sich die sele behendt.

De

图 7

这张图（图 7）在心理学上对应于阴暗的迷失状态。元素的分解意味着分裂和现有自我意识的崩塌。它与精神分裂状态非常类似，应该得到非常认真的对待，因为此时，潜在精神病可能加重。也就是说，患者会意识到集体潜意识和心理非我。这种意识崩塌和迷失可能持续很长时间，是分析师需要处理的最困难的转变之一，需要医生和患者最大的耐心、勇气和信心。它意味着患者正在遭受随意驱赶，没有任何方向感，处于完全没有灵魂的状态，暴露在自淫情感和幻想的充分作用之下。对于这种致命黑暗状态，一位炼金术师说："这是一种重要迹象，许多人在对它的研究中死去。"[1]

在这种重要状态中，意识头脑随时可能沉入潜意识。这种状态类似于经常困扰原始人的"灵魂丧失"。它是突然发生的精神水平降低，是意识紧张的松弛。原始人特别容易出现这种情况，因为他的意识仍然相对薄弱，维持意识需要付出很

---

[1] 引自我不知道的出处，写作"索林"（Sorin），见《玫瑰园》，264 页。

大努力。所以，他缺少意志力，无法集中精神，头脑很容易疲惫。在我和他们的交流中，这一事实使我付出了代价。东方普遍存在的瑜伽和禅定练习与此类似，但它是有意为之，是为了放松和释放灵魂。对于某些患者，我甚至可以确定，他们在极度精神错乱时期主观感受到了悬浮[1]。患者躺在床上，感觉他们水平飘浮在高于身体几英尺的空中。这使人想起了被称为"巫师催眠"的现象，以及许多圣徒所说的超心理悬浮。

图中的尸体是过去的遗迹，代表不复存在的人，他必将腐烂。组成炼金术程序的"折磨"属于这个反复死亡阶段。《玫瑰园》引用赫尔墨斯的话说，这需要"切开四肢，将其分成越来越小的小块，使之坏死，将其转变成石头中包含的性质。"这个段落中还说："你必须守护神秘物质中的水和火，将这些水存放在永恒之水中，尽管它不是水，而是由火组成的真水。"[2] 因为宝贵的物质即灵魂可能逃离沸腾的溶液，元素就是在这些

---

① 迈耶，《自发表现》，290 页描述了这样一个案例。

② 《炼金术》，II，261 页。

溶液中分解的。这种宝贵物质是火和水的矛盾结合，它是墨丘利，是随时准备逃跑的逃亡奴隶。换句话说，它在抵抗融合（进入意识）。他需要被"水""容纳"，后者的矛盾性质对应于墨丘利的性质，将他包含在自己里面。在这里，我们似乎对于我们需要的处理有了线索：面对患者的迷失，医生必须坚守自己的方向。也就是说，他必须知道患者的状态意味着什么，他必须理解梦境中的哪些内容有价值，并在教义之水的帮助下做到这一点。只有教义之水适合潜意识的性质。换句话说，他必须用能够理解潜意识象征的观点和思想处理任务。学术理论或所谓的科学理论不足以应对潜意识的性质，因为它们使用的术语与潜意识的妊娠象征没有任何相似之处。这些水必须被某种水聚集起来，牢牢控制住，这种水就是"由火形成的真水"。所以，实现它的方法必须具有弹性和象征意义，它自身必须是对潜意识内容的个人经历的结果。它不应该在抽象学术的方向上偏离得太远；所以，我们最好停留在传统神话框架内。事实证明，这个框架已经足够全面，适合所有实际用途。这并不是排斥理论要求，但后者应该只供医生个人使用。

治疗的目标是加强意识头脑。只要可能，我会唤醒患者的头脑活动，让他用自己的理解克制头脑的混沌[1]，使他能够抵达超脱纷乱的有利位置。所有不太愚笨的人都能在这一过程中做到这一点，但是有些人直到此时才知道智慧的用途。在这种情况下，理解就像救生圈一样。它可以整合潜意识，逐渐形成可以看到意识和潜意识的更高层次的视角。接着，它可以证明，潜意识的入侵就像尼罗河洪水一样：它可以提升土地的肥力。你应该从这种意义上理解《玫瑰园》对于这种状态的赞颂："哦，神圣的自然，你的工作受到祝福。为此，你通过真正的又黑又暗的腐败，使不完美变成完美。之后，你使无数新事物生长，用你的青翠制造了许多颜色。"[2] 我们无法立刻看出，

---

[1] 鉴于所有心理学命题都可以有效逆转，我要指出，如果意识态度起初表现得很强烈，会强烈抑制潜意识，那么强调意识态度总是不好的。

[2] 《炼金术》，II，265 页。

为什么这种黑暗状态值得特别赞美，因为黑化被普遍视作阴沉忧郁的精神状态，使人联想到死亡和坟墓。不过，中世纪炼金术与当时的神秘主义有关，或者说它本身就是一种神秘主义。所以，我们可以举出圣十字若望（St. John of the Cross）关于"黑夜"的作品[①]，作为黑化的对应物。这位作者将灵魂的"精神夜晚"看作极为积极的状态，上帝无形而阴暗的光芒此时可以刺穿并净化灵魂。

出现在炼金术器皿上的色彩被称为"孔雀尾"，代表春天和生命的重生——黑暗之后就是光明。文本继续写道："这种黑暗被称为土地。"太阳沉入墨丘利，这个墨丘利是炼金术师所说的土精[②]，或者通过创造生物获得形体的智慧神。潜意识是具有阴暗性质的精神，含有智慧神的原型意

[①] 《灵魂的黑夜》。

[②] 文图拉（Ventura），《论神秘石头》，《化学大观》，II，260页。黄金中有"某种具有神圣本质的事物"（《论亚里士多德》，《化学大观》，V，892页）。"自然是事物先天拥有的某种力量……上帝是自然，自然是上帝，某种和上帝非常接近的事物从上帝那里诞生。"——佩诺图斯（Penotus），《五十七舟》，《化学大观》，II，153页。上帝在黄金的线性还原中得到体现（迈尔，《物理正方形之圆》，16页）。

象。不过，现代文明人的智慧在意识世界里偏离得太远了，因此当它突然看到土地母亲的面貌时，它受到了强烈冲击。

我们的图片将灵魂描绘成何蒙库鲁兹，这意味着它即将变成王室之子，即还未分裂的雌雄同体原人。他最初落入弗西斯之手，但他现在再次升起，摆脱了肉体凡胎的囚禁。他进入了某种升天状态。根据《翠玉录》的说法，他与"上层力量"相结合。他是"下层力量"的本质。和巴西理得（Basilides）教义中的"第三分支"类似，下层力量一直在地下努力向上冲[1]，不是为了留在天堂，只是为了重新来到地面，作为治愈力量、不朽和完美的动因以及协调者和救世主。这显然与基督教的基督复临思想有关。

对于这一过程的心理学解释会把我们引向无法得到科学描述的内心经历领域，不管我们多么公正甚至无情。此时，研究者不得不产生与科学精神不符的神秘思想，这不是为了掩盖无知，而

---

[1] 希波吕托斯，《埃伦霍斯》，VII，26，10。

是承认他无法将他知道的事情翻译成日常学术语言。所以，我只能提及这个阶段内心感受到的原型，即"圣子"的诞生——用神秘学语言来说，是内在人的诞生[①]。

---

① 安吉卢斯·西里修斯（Angelus Silesius），《漫游的智天使》，卷四，194 页："上帝最喜爱、最想完成的工作/是把你变成他的儿子。"卷二，103 页："上帝将温柔精神降临在你身上/永恒之子由此诞生。"

8. 净化

神圣露水在此降落，

以冲洗坟墓中又脏又黑的尸体。

降落的露水是当前神圣生命诞生的预兆。吉迪恩露水[①]是永恒之水的同义词，因此也代表了墨丘利[②]。在这里，《玫瑰园》引用了西尼尔的文字："玛利亚又说：'但我所说的水是从天堂降临的国王，潮湿的地面将其吸收，天堂之水和大地之水在一起，大地之水用它的卑微和沙土反衬天堂之水的高贵，它们混在一起，紧密结合，阿尔比拉（Albira）被阿斯图纳（Astuna）白化。'"[③]

[①] 参考《士师记》6：36ff。

[②] 参考《精灵墨丘利》，II，2 节。

[③] 《炼金术》，II，275，276 页。西尼尔，《化学》，17—18 页。在阿拉伯文本中，"Astua"（原文如此——译者注）也写作 "Alkia"；"al-kiyan" = "生命本原"［斯泰普尔顿（Stapleton），《三篇阿拉伯论文》，152 页］。"Alkia" 在《论柏拉图四部曲》（152 页）中表示 "生命本原" 或 "力比多"。

图 8

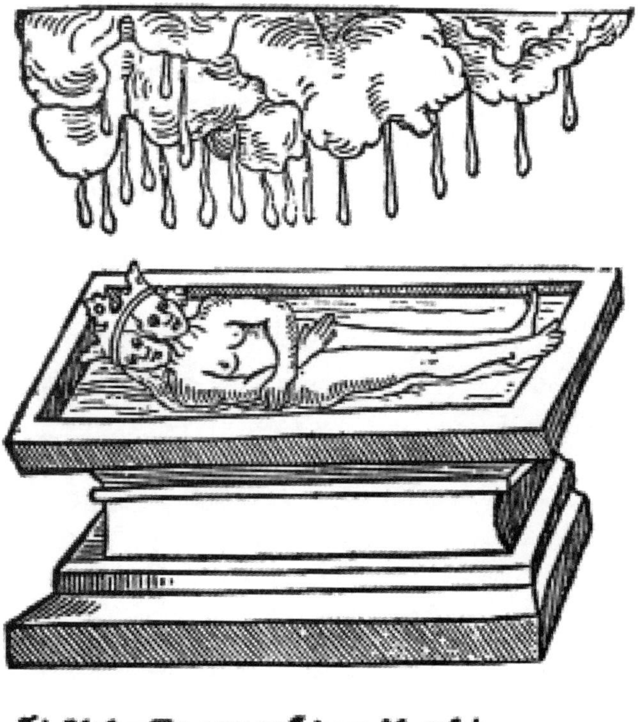

白化被比作日出；它是黑暗之后的光明。赫尔墨斯说："阿佐特和火清洁了拉托，驱除了黑暗。"[1] 精灵墨丘利以智者和圣灵之火的神圣形象降临，以净化黑暗。我们的文本继续写道："白化拉托，把书撕破，以免你的心被撕裂[2]，因为这是智者和整个作业第三部分的结合[3]。所以，如《大众》所说[4]，将干物与湿物混合，即将黑土与水混合，加热至白化。这样一来，在将土和水白化后，你可以得到水和土的本质，但是这种白被称为空

---

① 阿佐特是神秘物质（参考西尼尔，《化学》，95 页），拉托是黑色物质，是铜、镉和山铜的混合物［参考杜·康热（Du Cange），《辞典》］。

② 《玫瑰园》，277 页。这段经常得到重复的引文可见于莫里埃努斯的论文（《金属的转化》，《炼金术》，II，7 页及后页），它似乎是由沙特尔的罗伯特在 12 世纪从阿拉伯语翻译过来的。莫里埃努斯称其出自无名作家埃尔伯·因特菲克特（Elbo Interfector）。它的来源一定很早，但几乎不可能早于 8 世纪。

③ 参考《翠玉录》："所以，我被称为三重赫尔墨斯，拥有整个世界哲学的三部分。"

④ 一本阿拉伯语经典，在 11 世纪和 12 世纪被译成拉丁文。《玫瑰园》引用的《群众》来自《萨拉坦塔姆的罗西努斯》，《炼金术》，I，284，285 页。《群众》（158 页）只写了："所以，将干物与湿物即土和水混合，用火和空气加热，以去除精神和灵魂。"

气。"所以，读者可以知道，"水"是智慧之水，从天堂降下的露水是启示和智慧的神圣礼物。之后，《玫瑰园》对智慧进行了大段探讨，题为《所罗门的第七智慧》：

所罗门选择了她，而不是光线、美丽和健康；他认为她胜过一切珍贵的宝石。因为在她面前，一切黄金如同沙土，一切白银如同泥土；这是因为，获得她胜过获得白银和最纯粹的黄金。她的果实比这个世界上所有财富更加宝贵，人们渴望的一切事物都无法和她相比。她的右手拥有时光和健康，左手拥有光荣和无尽的财富。她的举止落落大方，美妙而值得称赞。她的脚步慎重而不急躁[①]，但坚定而整日持续。对于把握住她的人来说，她是生命树，是不灭的明灯。保留她的人会受到祝福，因为上帝的科学永不消失，就像阿尔菲迪乌斯见证的那样，因为他说：谁找到这门科

---

① 参考莫里埃努斯的说法（《金属的转化》，《炼金术》，II，21页）："……一切急躁源于魔鬼。"所以，《玫瑰园》说（352页）："因此，没有耐心的人不要插手这项工作，因为如果他急躁，他就会上当受骗。"

学，谁就永远获得了正当的食物[1]。

在这方面，我想指出，水作为智慧和精神的象征，可以追溯到基督在井边向撒玛利亚女人讲述的寓言[2]。与炼金术师同时代的红衣主教、库萨的尼古拉斯在一次布道中使用了这个寓言："人类运用智慧在雅各布（Jacob）的井中找到了水，它的名字叫做哲学。它的发现经过了对于感官世界的辛勤研究。上帝居住在基督人性的生命之井深处。在上帝的话语中，有一个振奋精神的喷泉。在这里，我们拥有感官之雅各布井、理智之井和智慧之井。第一口井深邃而具有动物性质，父亲连同他的孩子和牛群在此饮水；第二口井更加深邃，位于自然边缘，只有男人的孩子即理智觉醒的人在此饮水，我们称之为哲学家；第三口井是最深邃的，至高者的儿子在此饮水，我们称之为神和真正的神学家。拥有人性的基督可以称为最

---

[1] 《玫瑰园》，277 页，和《初生的曙光》，I，第一章相同。

[2] 《约翰福音》4：13—14："……凡喝这水的、还要再渴，人若喝我所赐的水就永远不渴。我所赐的水、要在他里头成为泉源、直涌到永生。"

深邃的井……这口最深邃的井中拥有智慧的源泉，可以带来极乐和不朽……有生命的井拥有自身生命的源泉，它让饥渴接受水的救赎，救赎智慧之水可以使之振奋。"[1] 这篇布道的另一段写道："谁喝下精神，谁就喝下了沸腾的泉水。"[2] 最后，库萨努斯（Cusanus）[3] 说："记住，在获得理智的同时，我们也获得了智力种子的力量；所以，它包含涌出本原，由此生成了理解之水。这口井只能得到同样的水，即人类理解之水，正如对于'万物非是即非'原则的理解产生了形而上学之水，后者源源不断地产生了其他科学溪流。"[4]

在所有这些程序之后，显然，黑暗已被"科学"的智慧之水冲走，后者是上帝赋予的神圣艺术天赋和知识。我们看到，净化意味着去除总是附着在纯自然产物，尤其是象征性潜意识内容上的多余事物。炼金术师发现，这些潜意识内容被

---

[1]　科赫（Koch），《库萨努斯文本》，124 页。

[2]　科赫，《库萨努斯文本》，132 页。

[3]　库萨努斯就是库萨的尼古拉斯。——译者注

[4]　科赫，《库萨努斯文本》，134 页。

投射到了物质上。所以，他遵循卡丹规则，即解释工作的目标是将梦境材料简化成最一般的原则[1]。实验室工作者称之为生命提取。在心理学领域，我们称之为梦境思想研究。我们知道，这需要必要的前提或假设，某种实现"统觉"的智力结构。对于炼金术师，这种前提存在于水（学说）中，或者上帝启发的智慧中，他也可以通过勤奋研究炼金术经典书籍获得这一前提。所以，这里提到了书籍。在这一工作阶段，书籍必须得到回避或销毁，"以免你的心被撕裂"。这种奇特的劝告从化学角度完全无法解释，但它在此拥有深刻意义。在大师的学说和言论中，赦免之水或智慧之水被视为圣灵的礼物，使哲学家可以理解神奇作业。所以，他很容易认为，哲学知识是最好的知识，就像库萨努斯的引文展示的那样。与此相对应的心理学场景是，当潜意识内容进入意识，得到理论评估时，人们误以为，他们已经实现了工作目标。在这两种场景中，将"精神"仅仅定

---

① 卡丹（Cardan），《梦的综合》："Unumquodque somnium ad sua generalia deducendum est."

义成思想和直觉的做法是武断的。这两个学科的确在追求"精神"目标：炼金术师试图生成拥有肉体、灵魂和精神的新的"易挥发"（气体或"精神"）实体，其中肉体自然被理解成"精微"身体或"呼吸身体"；分析师试图生成某种态度或思维框架，因此也是在生成某种"精神"。即使将肉体看作"光荣肉体"，它也比灵魂和精神粗俗，是"尘世的遗迹"，必然会依附尘世，尽管它非常精微[1]。所以，试图公平对待潜意识和他人的态度不能仅仅依赖于知识，因为知识仅由思考和直觉构成。它缺少感知价值即感情功能，以及实际功能，即对现实的感知[2]。

所以，如果书籍及其传授的知识是指定的封闭价值，人的情绪和情感生活一定会受到影响。所以，单纯的智力态度必须得到放弃。"吉迪恩

---

[1] "石头应该得到精炼，直到进入终极纯净完美状态，最终获得挥发性。"（《玫瑰园》，351页）还有："升华是双重的：首先是去除多余物质，留下最纯粹的部分，使之摆脱基本沉淀物，拥有第五元素的性质。另一种升华是将身体简化为精神，即将致密的肉体转变成微妙的精神。"（《玫瑰园》，285页）

[2] 参考《心理类型》，第二部分，定义20，35，47，53。

露水"是神圣干预的迹象，是预示灵魂回归的水分。

炼金术师似乎感受到，作业及其实现存在陷入某种意识功能的危险。所以，他们强调理论的重要性，即与实践相对的智力理解，而实践仅仅是由化学实验组成的。我们可以说，实践对应于纯粹感知，必须得到统觉的补充。不过，这个第二阶段仍然没有实现彻底醒觉。它仍然缺少心灵或感情，后者可以为我们理解的一切提供长期价值。所以，必须"销毁"书籍，以免思维影响感情，阻碍灵魂的回归。

这些困难是心理治疗师熟悉的领域。患者常常满足于单纯记录梦境或幻想，尤其是当他崇尚美学时。接着，他甚至需要对抗智力理解，因为后者似乎是对其心理生活现实的侮辱。其他人试图只用大脑去理解，希望跳过纯实践阶段。当他们理解时，他们认为自己已经充分实现了醒觉。在他们看来，自己与潜意识内容拥有情感联系是奇怪甚至可笑的想法。智力理解和美学共同生成了具有欺骗性和背叛性的解放感和优越感。如果感情干预进来，这种感觉很容易崩溃。感情总是将人与象征内容的现实和意义捆绑在一起，进而带来道德行为的约束标准，而美学和智力很容易挣脱这种束缚。

由于炼金术时代几乎完全没有心理分化，因此这些考量只在文中得到了暗示。不过，我们看到，暗示的确存在。从此以后，功能分化加快了速度，其结果是，它们相互之间的隔离越来越严重。所以，现代人很容易陷入某种功能，只能实现不完整的醒觉。显然，随着时间的推移，它会导致精神分裂。这源于个体功能的进一步分化和潜意识的发现，其代价是心理扰动。不完整的醒觉可以解释个体和当代背景下许多令人困惑的事情。它对心理治疗师很重要，尤其是那些仍然相信智力见解和常规理解甚至单纯的反思足以治愈疾病的治疗师。炼金术师认为，作业不仅需要实验室工作、看书、冥想和耐心，而且需要爱。

今天，我们会谈论"感情价值"和通过感情的醒觉。你常常会想起浮士德的痛苦经历。当时，浮士德领悟到"感情是一切"，因此离开了"极度无聊刻板"的实验室，放下了哲学研究。在这里，我们已经可以看到现代人的影子，他开始根据一种功能建造世界，对他的成就非常自豪。中世纪哲学家当然永远不会想到，感情需要会开启一个新世界。危险而病态的口号"为艺术而艺术"在他们看来是荒谬的，因为当他们思考自然之谜时，感觉、创造、认知和感情对他们来说没有区别。他们的思维状态还没有分裂成如此众多的功能，因此醒觉过程的每个阶段并不需要新的人生篇章。浮士德的故事展示了我们的状态多么不自然：它需要魔鬼的干预——在施泰纳赫（Steinach）之前——以便将老年炼金术师转变成青年，并让他忘掉自己，以体验刚刚发现的青春感情。这正是现代人遇到的危险：他可能在某天早上醒来时发现，他已错过了一半人生。

通过感情的醒觉也不是最终阶段。在讨论完三个阶段后，提及第四阶段也许并非不合时宜，尤其是考虑到它在炼金术中拥有非常明显的象征，尽管它并不真正属于这一章。第四阶段是对石头的期盼。第四功能的想象活动——完成醒觉所需要的直觉——在这种对于可能性的期盼中非常明显，这种可能性的完成永远不可能是经验的目标：在希腊炼金术中，它已被称为"不是石头的石头"。直觉提供了展望和洞见，它沉迷于神奇可能性的花园中，仿佛它们是真实的。没有比哲人石更加富含直觉的事物了。这个重要石头使工作完满，成为个体的整体经历。这种经历对我们这个时代来说是完全陌生的，尽管我们比之前任何时代更加需要完整性。显然，这是今日心理治疗艺术面对的首要问题。所以，我们正在添加一些沟通之门，以放松我们僵化的"心理学之室"。

灵魂升天，将身体留在死亡的黑暗中。之后是反向转化：黑化让位于白化。对立事物结合导致的黑暗或潜意识状态触底反弹。降落的露水象征复活和新的光线：在潜意识中越来越深的下沉突然变成了来自上方的光明。这是因为，当灵魂在死亡中消失时，它并没有消亡；它在另一个世界构成了这个世界死亡状态有生命的对立面。它从上方的重新出现已经得到了露水的暗示。这种

露水带有心理性质，因为 φυχη（心理）与 φυχρος
（冷）和 φυχοω（振奋）同源。另一方面，露水是
永恒之水和智慧之水的同义词，后者象征通过理
解意义获得启示。对立事物之前的结合总会为黑
夜带来光明。通过这种光明，你可以看到这种结
合的真正含义。

9. 灵魂回归

在这里，灵魂从高处降临，

以复活我们努力净化的尸体。

在这里，和解者即灵魂从天堂降临，将生命吹到死尸体内。图片（图9）左下角的两只鸟一只长有羽毛，一只还没有长羽毛，比喻长有翅膀和没长翅膀的龙[①]。这是墨丘利双重性质的许多同

[①] 参考兰姆斯普林克，《形象》，《赫尔墨斯博物馆》，355页的诗句：

林中有一只鸟巢，
里面是赫尔墨斯的鸟儿。
一只总是试图飞走，
另一只喜欢留在巢中，
不让对方离开。

这个意象来自西尼尔，《化学》，151页："它的翅膀连同羽毛被切断，它静止不动，无法返回高处。"斯托尔修斯·德·斯托尔森贝格（Stolcius de Stolcenberg），《化学游乐园》，图三十三。在迈尔，《圆》，127页中，这对鸟被表示成"山顶的秃鹫和没有翅膀的渡鸦"。参考《论黄金》，《化学艺术》，11—12页，及《萨拉坦塔姆的罗西努斯》，《炼金术》，I，316页。

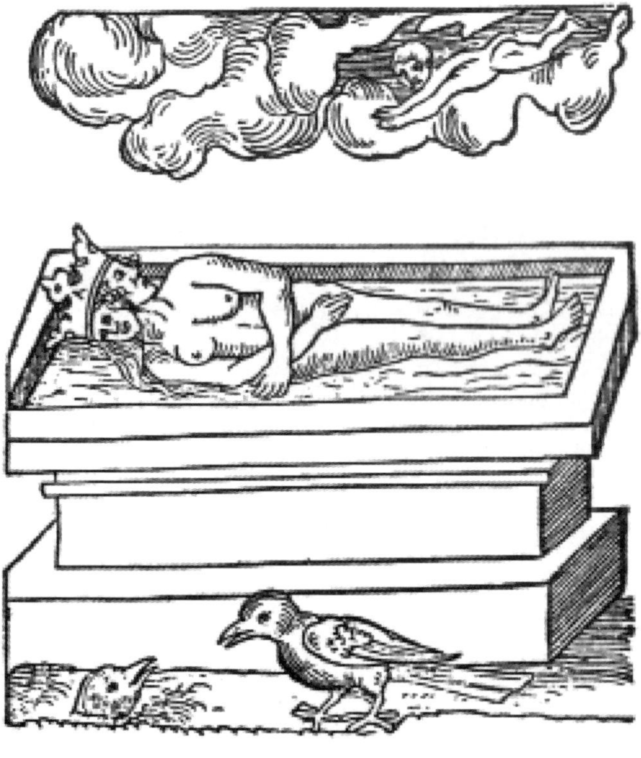

PHILOSOPHORVM

ANIMÆ IVBILATIO SEV
Ortus feu Sublimatio.

hie fchwingt fich die fele hernidder/
Vnd erquickt den gereinigten leychnam wider-

L iij

图 9

义词之一。墨丘利既是阴间生物，又是空中生物。这对分裂对立事物的出现意味着虽然雌雄同体者看似统一，即将获得生命，但它们之间的冲突并没有得到最终解决，而且没有消失：它被推到了图片（图9）左侧和下方，即被禁止进入潜意识领域。支持这一假设的事实是，这些仍然没有得到整合的对立事物被表示成动物，而不是像之前那样被表示成人。

接着，《玫瑰园》引用了莫里埃努斯的文字："不要轻视灰烬，因为它是你心灵的王冠。"这种灰烬是焚化的惰性产物，指的是死尸。这句警告在身体和心灵之间建立了奇特的联系。当时，心脏被看作灵魂的真正居所[1]。王冠当然是指国王的至尊头饰。加冕在炼金术中扮演着某种角色——例如，《玫瑰园》有一张《玛利亚加冕》图片[2]，象征月亮般（得到净化的）白色身体的荣耀。接着，书中引用了西尼尔的文字："关于白颜色：当我敬爱的父母品尝了人生，得到了纯奶的滋养，

---

[1]　参考《作为精神现象的帕拉采尔苏斯》，201，202 段。

[2]　《心理学与炼金术》，图 235。

被我的白色物质灌醉，在我的床上相互拥抱时，他们将生下月亮之子，他将胜过所有同类。当我的爱人在红岩墓室里喝醉，在婚姻中品尝了母亲之泉，和我共同喝下我的红酒，和我友好地躺在床上时，爱他并将他的种子纳入体内的我将会怀孕。时间一到，我将生下最强大的儿子，他将统治和管理地球上所有国王和王子，被永远存在并掌管世界的至高上帝戴上胜利的金冠。"①

这段文字的加冕插图②表明，尸体净化后的复活也是一种赞颂，因为这一过程被比作玛利亚的加冕③。教会的比喻语言支持这一比较。上帝之母与月亮④、水和喷泉的联系已为人熟知，我已不需要进一步证明。这里加冕的是玛利亚，但在西尼尔的文字中，获得"胜利王冠"的是儿子——

---

① 《炼金术》，II，377页。参考《化学艺术》，129页，及《萨拉坦塔姆的罗西努斯》，291页及后页。

② 从风格上看，这些图片来自16世纪，但文本可能来自一个世纪以前。鲁斯卡（《翠玉录》，193页）认为这些文本出自14世纪。后来，他又将其改为15世纪（鲁斯卡，《群众》，342页），这种说法也许更加准确。

③ 《心理学与炼金术》，500段。

④ 《心理学与炼金术》，图220。

这很合理，因为他是取代他父亲的王室之子。在
《初升的曙光》中，王冠被授予南方女王萨皮恩
提亚（Sapientia），她对情人说："我是王冠，戴
在我的情人头上。"所以，王冠充当了母亲和儿
子情人的联系[1]。在后来的文献中[2]，苦水被定义
为"被阳光加冕"。当时，塞维利亚人伊西多尔
（Isidore）的词源学仍然有效："脱困之海"[3] 表明
"海"和"永恒之水"同义。它也暗示了玛利亚的
水符号（"喷泉"）[4]。我们反复注意到，炼金术师
像潜意识一样选择符号：每种思想既有积极表达，
又有消极表达。他有时谈论王室夫妇，有时谈论
公狗和母狗。类似地，水符号的不同表达也具有
鲜明的对比。我们读到，王冠出现在"妓女的经

---

[1] 《雅歌》3：11："……观看所罗门王，头戴冠冕，就是
在他婚筵的日子，心中喜乐的时候，他母亲给他戴上的。"圣额
我略一世评论道，母亲是玛利亚，"她给他加冕，因为他从她那
里获得了我们人类的属性……据说，这是在他婚礼那天进行的，
因为当上帝唯一的儿子希望将他的神性和我们的人性结合时，
他决定将教会作为新娘。接着，他决定从童贞母亲那里获得人
类的肉身"。——圣额我略，《雅歌阐释》，第三章（米涅，拉丁
文系列，卷 79，col. 507）。

[2] 《世间荣耀》，《赫尔墨斯博物馆》，213 页。

[3] 《词源》，XIII，14。

[4] 《心理学与炼金术》，92 段。

水里"①。我们还会读到下面的指导:"取出留在蒸煮器中的肮脏沉淀物,保存起来,因为它是心灵的王冠。"沉淀物对应于石棺中的尸体,而石棺又对应于墨丘利喷泉或赫尔墨斯容器。

从天堂降临的灵魂等同于露水,即圣水。西尼尔引用玛利亚的文字解释说,它是"从上天降临的国王"②。所以,这水自身得到了加冕,构成了"心灵的王冠"③,这显然与前面矛盾,因为前

---

① 菲拉雷泰斯(Philalethes),《开门》,《赫尔墨斯博物馆》,654 页。

② 《化学》,17 页。

③ 这里的王冠思想可能与希伯来凯特王冠有关。紫王冠是马尔楚斯(Malchuth),是"女性",是"新娘"。紫与衣服有关,是神显现时的特征,它"是提弗雷斯模式的服装和宫殿,因为你无法提及上帝的四字名讳,除非在他的宫殿里。你要用王冠之名称呼他,因为它是丈夫头上的王冠"。[克诺尔·冯·罗森罗思(Knorr von Rosenroth),《卡巴拉的尸体》,I,131 页。]"马尔楚斯被称为凯特,因为它是法律王冠。""第十质点被称为王冠,因为它是围绕万物的乐事的世界。"(《卡巴拉的尸体》,487 页)"王冠上升到凯特时被称为马尔楚斯;因为丈夫头上戴着王冠。"(《卡巴拉的尸体》,624 页)。参考古迪纳夫(Goodenough),《犹太教的胜利王冠》。

《板条箱书》(贝特洛,《中世纪》,III,52 页)说:"你的意图很好,但你的灵魂永远无法泄露真理,因为你们观点众多,而

（接上页注文）

且拥有讨厌的自尊。"霍格兰德（Hoghelande），《化学大观》，I，155 页说："这门科学传递的作品将真假混合在一起，有时非常短暂，有时非常啰嗦，缺乏顺序，而且常常具有相反顺序；它有意晦涩地表述工作，尽量将其隐藏起来。"西尼尔（《化学》，55 页）说："他们讲述万物的真理，但是人们不理解他们的话语……他们通过假设歪曲真理，证实谎言……错误来自他们的无知，因为他们听到许多他们不理解的词语，后者拥有隐含意义。"关于隐藏在智者话语中的秘密，西尼尔说："因为这属于能够微妙感知并理解内在意义的人。"（《玫瑰园》，230 页）解释说："所以，我在这本书中没有宣布所有已经出现的和必要的事情，因为有些事情是人类无法谈论的。"还有（《玫瑰园》，274 页）："这些事情必须用神秘词语表述，就像诗歌使用寓言一样。"昆拉特（《混沌》，21 页）提到一句话："出版会使秘密变得廉价"——安德里亚将其作为《化学婚礼》的格言。阿布尔·卡西姆·穆罕默德·伊本·阿哈默德·阿尔－西马维（Abu'l Qasim Muhammad ibn Ahmad al-Simawi）被称为阿尔－伊拉齐（al-Iraqi），他在《七气候书》（见霍姆亚德，《阿布尔－卡西姆》，410 页）中谈到了贾比尔·伊本·哈扬（Jabir ibn Hayyan）的教学方法："接着，他神秘地谈论外部和内部的构成……接着，他晦涩地说……外部没有完整的酊剂，完整的酊剂只能在内部寻找。接着，他讲述晦涩的……话语。在我们看来，外部只是笼罩在内部之上的面纱而已……内部又像这，又像那。他持续使用这种说法，直到他使所有人完全困惑，除了最机智的学生……"魏伯阳（公元 142 年左右）说："对我来说，不传道是一项大罪，它会使道永远失传。我又不能将其写在丝绸上，以免神圣秘密无意中流传到海外。我在犹豫中叹息……"（《古代中国论文》，243 页。）

面说灰烬是王冠。你很难判断，炼金术师到底是思维极度混乱，没有注意到这些明显的矛盾，还是故意表达了这些悖论。我怀疑二者兼而有之，因为无知者和愚者会按照字面意思理解这些文字，陷入类比的泥潭中，而更加精明的读者知道象征的必要性，可以像专家一样毫无困难地理解这些内容。学术责任感似乎一直是炼金术师的软肋，但少数人非常清晰地告诉我们如何看待他们奇怪的语言。[①] 他们越是不尊重辛苦读书的人，他们欠潜意识的债就越大，不管他们是否有意，因为他们无限丰富的意象和悖论指向了极为重要的心理学事实：原型是无限的，拥有多种含义，代表了一个简单真相的不同方面。炼金术师沉浸在内心体验中，只关心如何设计合适的意象和表达方

---

① 诺顿（Norton）的《顺序》（《英国化学大观》，40页）写道："所有这些深切疑惑与日俱增，因为他们对于这门科学写得太多了：每个人只传授一两点，他的同行由此得知：他是他们的兄弟，因为他们全都相互理解；他们的写作也并非面向所有人，而是用神秘的话语告诉自己人；所以，不要相信一本书的说法，你要阅读许多作品；多读书，伟大牧师阿诺德（Arnolde）说。"

式，不关心读者能否理解。在这方面，他们一直落后于时代，但他们在心理学出现之前早早构造了潜意识现象学，做出了不可估量的贡献。我们作为这些财富的继承人，并不容易享用这份遗产。不过，我们可以获得心理平衡，因为古代大师同样无法相互理解，或者理解起来非常困难。所以，《玫瑰园》作者说，"古代哲学家的文字隐晦而混乱"，只会令读者困惑，或者把读者吓跑。他说，他在写作时会将"实验真理"清清楚楚地呈现给大家，以"最明确、最人性的方式"表述——接着，他又会恢复之前那些哲学家的文风。这是不可避免的，因为炼金术师并不知道他们描述的是什么。我并不确定我们今天是否有所改变。不管怎样，我们不再相信秘密存在于化学物质之中。相反，它存在于心理更加阴暗深邃的层次中，尽管我们不知道这个层次的性质。也许再过一百年左右，我们将会发现新的黑暗，里面同样会出现我们无法理解的事物，但我们可以极为明确地感受到它的存在。

炼金术师将王冠比作"肮脏的沉淀物"，然后又说它来自天堂。对此，他并没有感觉到矛盾。他遵循《翠玉录》定下的规则："下方之物正如正方之物，上方之物正如下方之物。"[1] 他的意识分辨能力不像现代人那样敏锐，显然比同时代的经院哲学思想更加迟钝。这种明显的退步不能用炼金术师的头脑缺陷来解释。更好的解释是，他的注意力主要集中于潜意识自身，完全没有关注分辨和表达能力，后者是经院哲学家精确概念思维的标志。如果他能将他所感受到的秘密再度表达出来，他就已经心满意足了。他完全不在意这些表达方式相互之间的联系和差异，因为他不相信任何人能用他的思想重构这种艺术，而接触这种艺术的人已经被它的秘密吸引，被明确的直觉指引，或者注定要被上帝提升到那里。所以，《玫瑰园》[2] 引用了霍图拉努斯的话语 [3]："只有知道如

———————

[1] 与此类似的是马尔楚斯与凯特、至贱与至尊的矛盾关系。

[2] 《玫瑰园》，270 页。

[3] 据说，他就是约翰内斯·德·加兰迪亚（Joannes de Garlandia），后者生活在 12 世纪后半叶，写下了《炼金术》（1541 年）中的《翠玉录评论》。

何制作哲人石的人，才能理解他们与之相关的话语。"象征的黑暗在开明哲学家眼前烟消云散。霍图拉努斯还说："在圣灵运作的地方，哲学家话语中的神秘不起作用。"[1]

在我们的案例中，由于之前的死亡和升华，身体具有了"第五元素"形式或精神形式。所以，作为肉体凡胎（纯物质），它和精神没有太大区别。这表明，炼金术没能区分肉体和精神。肉体可能收留精神，甚至将其拉到体内[2]。根据所有这些思想，化合和"身体"的重生是完全超越世俗的事件，是发生在心理非我中的过程。这可以解释，为什么这一过程很容易得到投射，因为如果它具有个人属性，它的投射倾向就会大大降低，因为它可以比较轻松地进入意识。不管怎样，这种倾向不足以使之投射到无生命物质上，后者与

---

① 《玫瑰园》，365 页。作为"哲学家"的炼金术师是心理经验主义者，因此他们的术语没有经验重要，这是经验主义的普遍现象。发现者很少是优秀的分类者。

② 所以，多恩（《神的物理显现》，《化学大观》，I，409 页）说："这个世俗的炼金术新生命通过升天获得了神性，然后通过降临显现，具有了大地中心的性质。"

有生命的心理相去甚远。经验表明，投影的承载者不能随意选择，它总是足以适应被投射内容的性质——也就是说，它必须提供可以悬挂这些内容的"钩子"[1]。

虽然这一过程具有超越本质，但投影会强烈影响个人的意识心理，使之回归现实，其结果是膨胀。接着，你会看到，化合是神祇的圣婚，不是凡人的简单情事。《化学婚礼》对此作了非常微妙的暗示。在这本书中，戏剧英雄罗森克鲁兹只是宴会上的宾客，但他违反规定，溜进维纳斯的寝室，以欣赏这位睡美人的身体。为惩罚这种罪行，丘比特（Cupid）用箭射伤了他的手[2]。他个人与神圣婚姻的秘密联系只在结尾得到了短暂暗示：国王说，罗森克鲁兹是他的父亲[3]。作者安德里亚一定是一位智者，因为他在这里试图用笑话从这件事中脱身。他明确暗示，他本人是书中

---

[1] 所以，投影通常对承载者具有某种影响，而炼金术师期待石头的"投影"促成贱金属的嬗变。

[2] 炼金术师将这支箭看作墨丘利的激情之箭。

[3] 罗森克鲁兹，《化学婚礼》，212 页。

人物的父亲，并让国王证实这一点。作者主动揭示了这个"孩子"的父亲身份，这是创造性艺术家支撑自我威信的常见做法，以免使人怀疑他是从潜意识中涌出的创造性冲动的牺牲品。歌德无法轻松摆脱《浮士德》的束缚——这是他的"主业"。（越是普通的人，就越需要伟大。所以，他们必须让其他人高看自己。）和炼金术师一样，安德里亚被艺术秘密吸引；他对玫瑰十字会的努力寻找证明了这一点。他在随后的岁月里采取了更加疏远的态度，这主要是为了方便，因为他的身份是神职人员[1]。

如果存在不属于个人的潜意识——即它不包含个体可以获取的内容，包括被遗忘、下意识感知和抑制的内容——那么这个非我之中一定也会发生一些过程，即自发原型事件。只有当它们得到投射时，才能被意识头脑感受到。它们来自远古，奇特而未知，但我们似乎一直知道它们；它们也是既令人困惑又给人启示的奇特吸引力的源

---

[1]　韦特（Waite），《玫瑰十字会成员的真实历史》。

泉。它们像磁石一样吸引我们，同时又使我们恐惧。它们出现在幻想、梦境、幻觉和某些宗教狂热之中[1]。化合就是这些原型之一。原型的吸收力量不仅可以解释这一主题的普遍存在，而且可以解释个体对它的强烈热情，这种热情常常违背一切理智和理解。前面几页展示的过程也属于化合中的突变。它们对应于对立事物融合的后效应，这种结合涉及意识人格，其极端后果是自我在潜意识中的分解，一种类似死亡的状态。它源于自我对潜意识因素或多或少的认同，我们称之为污染。它也是炼金术师感受到的污染。他们认为它是不透明的粗俗身体对于某种超越事物的污染。为此，身体需要得到升华。不过，从心理学上说，身体代表了我们的个体和意识存在。我们感觉身体面临着被潜意识淹没和毒害的危险。所以，我们试图将自我意识与潜意识分离，使之摆脱这种危险处境。虽然我们惧怕潜意识力量，将其看作

---

[1]　导致昏迷状态的致醉物质也会促成这一过程。所以，原始仪式会使用洋金花（曼陀罗草）和墨西哥仙人球膏。参考黑斯廷斯（Hastings），《百科全书》，IV，735，736 页。

罪恶事物，但是这种感觉只能得到事实的部分证实，因为我们还知道，潜意识能够产生有利结果。它的效果在很大程度上取决于意识头脑的态度。

所以，净化是分离混合物的尝试，以解决个体陷入的"对立面的一致"。为了活在这个世界上，理性的人需要区分"自己"和另一个事物，我们可以称后者为"永恒的人"。虽然他是独特个体，但他也代表了人类，所以，他分享了集体潜意识的所有运动。换句话说，当"永恒"真理抑制个体的独特自我，以他为代价生存时，它会变成危险的破坏因素。如果由于经验材料强调潜意识重要性的特殊性质，我们的心理受到强迫，这完全不会降低自我意识的重要性。只有对于后者的片面高估才需要得到某种价值相对性的限制。不过，这种相对性不应该走得太远，使自我完全被原型真理吸引和压倒。自我生活在时间和空间中。要想存在，它必须适应时空的规则。如果它在很大程度上被潜意识吸收，导致只有后者拥有决定权，自我就会受到抑制，整合潜意识和实现醒觉的中介将不复存在。所以，经验自我与"永恒"和普遍人的分离非常重要，尤其是今天。今天，大众的人格正在以惊人的速度堕落。大众堕落不仅来自外部，而且来自内部，来自集体潜意识。对于外界，人们采取了一些保护措施，这些措施在欧洲大部分地区已经消失[①]。即使在仍有保护措施的地方，我们也会看到强大而天真的政党在尽最大努力用社会安全的诱饵将其取消，以实现奴隶国家。对于来自内心的魔鬼，教会在权限范围内提供了一些保护。不过，只有不过度限制我们自身存在的保护和安全才是有价值的；类似地，只有不过度抑制和限制生活的意识优越性才是理想的。还是那句话，生活是夹在斯库拉和卡律布狄斯之间的航行。

将自我从潜意识中分化出来的过程[②]与净化类似。这是灵魂回归身体的必要条件。类似地，要想避免潜意识对自我意识产生破坏性影响，身体也是必要的。只有自我坚守阵地，潜意识才能得

———————

① 这本书写于 1943 年，所以我保留了这句话，希望世界变得更好。

② 这一过程在我的《两篇论文》中的第二篇得到了描述。

到整合。因此，炼金术师将被净化的身体与灵魂相结合的努力也是心理学家使自我意识摆脱潜意识污染之后需要进行的努力。在炼金术中，净化是多次蒸馏的结果。在心理学中，它也源于普通自我个性与潜意识内容所有膨胀混合物同样充分的分离。这项任务需要极为努力的自我检查和自我教育。不过，掌握这门学科的人可以将其传给他人。心理分化过程绝非轻松的工作；它需要炼金术师的执着和耐心，后者必须用最旺的炉火去除身体上的所有多余物质，"一个婚房一个婚房地"寻找墨丘利。正如炼金术符号显示的那样，没有人类伴侣，这种深刻理解是不可能实现的。一般而学术的"对于自己错误的认识"是无效的，因为你并没有真正看到错误，只能看到它们的思想。不过，当人际关系将其推到前台，被自己和另一个人发现时，它们会表现得非常明显。只有这时，它们才能真正被感受到，它们的真实性质才能被发现。类似地，对于个人秘密的自我忏悔几乎没有效果，而向另一个人的忏悔更加有效。

与身体重新结合的"灵魂"是合而为一的结果，是二者共同的纽带[1]。所以，它是关系的本质。代表集体潜意识的心理阿尼玛同样拥有集体属性。集体潜意识是自然而普遍的事物，其出现总会导致潜意识认同，即神秘参与状态。如果意识人格陷入其中，不作抵抗，这种关系就会被人格化为阿尼玛（比如在梦境中），后者作为比较自主的人格成分，通常拥有令人不安的效果。在漫长充分的分析和投影回收之后，如果自我从潜意识中成功分离出来，阿尼玛就会逐渐停止表现为自主人格，成为意识和潜意识的关系功能。只要她得到投射，她就会导致关于人和物的各种幻觉，导致无尽的并发症。投影的回收使阿尼玛变回最初的形态，即原型意象。在正确的地方，它对个体有利。她位于自我和世界之间，就像不断变化的沙克蒂一样，编织玛亚（Maya）的面纱，舞动存在的虚幻。不过，在自我和潜意识之间运转的阿尼玛成了所有神祇和半神的母体，后者既包括异教女神，又包括

---

[1] 参考《论亚里士多德》，《炼金术》，I，371 页。

圣母玛利亚，既包括圣杯信使，又包括圣徒[①]。潜意识阿尼玛是没有关联的生物，是自淫存在，其唯一目标是完全占有个体。当这件事发生在男人身上时，他会获得最糟糕的奇特女性气质，性情忧郁而无法控制。随着时间的推移，它甚至会对之前可靠的功能——即他的智力——产生不利影响。我们可以在被阿尼姆斯占有的女性身上看到同样令人反感的思想和观点[②]。

在这里，我必须指出，女性心理学适用于完全不同的规则，因为在女性心理学中，我们处理的不是关系功能，而是区分功能，即阿尼姆斯。炼金术作为一种哲学，主要是男性事务。所以，它的表述大部分具有男性特征。不过，我们

---

① 这方面的一个优秀案例可见于安吉卢斯·西里修斯，《漫游的智天使》，卷三，No. 238：

上帝被变成人，现在诞生了——真愉快！

哪在哪里？在我，他所选择的母亲身上。

怎么会这样？我的灵魂是圣母，

我的心是马槽，我的四肢是马厩……

② 在女人身上，阿尼姆斯会导致非常类似的幻觉，唯一的区别是，它们由武断的观点和偏见组成，是从他人身上随机采纳的，永远不是她个人反思的产物。

不应该忽视一个事实：炼金术中的女性元素不可忽略，因为即使在炼金术诞生于亚历山大的初期，我们也有西奥塞贝亚（Theosebeia）[1]、佐西莫斯神秘姐妹、帕弗努提亚（Paphnutia）和玛利亚·普罗菲提萨（Maria Prophetissa）等女性哲学家的真实证据。我们还知道后来的炼金术师搭档尼古拉斯·弗拉梅尔（Nicolas Flamel）及其妻子佩罗内尔（Peronelle）。1677年的《寂静之书》讲述了共同进行作业的夫妇[2]。最后，还有19世纪英国炼金术师托马斯·萨乌思（Thomas South）及其女儿，后者后来成了阿特伍德夫人（Mrs. Atwood）。在花费多年研究炼金术之后，他们决定将他们的思想和经历写成书。他们为此分开，父亲在房间一个区域工作，女儿在另一个区域工作。女儿写作一本博学的长篇巨著，父亲写诗。

---

[1] 她是罗西努斯（佐西莫斯）论述中的欧提西亚（Euthicia），见《炼金术》，I，277页及后页。

[2] 《寂静之书》被重印为1702年《精选化学文献》卷一的附录。关于《寂静之书》的插图，参考本卷图11—13及《心理学与炼金术》索引。我们还可以提到另一对炼金术师约翰·波达奇（John Pordage）和简·利德（Jane Leade）（17世纪）。见下文。

女儿首先完成了写作，迅速把书寄给了出版商。书还没出版，父亲就产生了顾虑，担心他们泄露了天机。他说服女儿拿回了书并将其销毁。出于同样的想法，他销毁了自己的诗作，只有几句诗在女儿的书中得以保留。她去得太迟，没能收回所有的书。在她1910年死后，人们制作了重印版[1]，出版于1918年。我读了这本书，它没有泄露任何秘密。它完全是中世纪作品，试图作出神智学解释，以讨好新时代的思想融合。

英国神学家和炼金术师约翰·波达奇[2]写给神秘姐妹简·利德的信件对于女性心理学在炼金术中的作用作出了重要贡献。他在信中[3]就作业向

---

[1] 《对于炼金术之谜的试探性研究》。

[2] 约翰·波达奇（1607—1681年）在牛津学习神学和医学。他是雅各布·波墨（Jakob Boehme）的门徒，是其炼金术神智学的追随者。他成了出色的炼金术师和天文学家。在他的神秘哲学中，一个主要人物是索菲亚（Sophia）。（"她是我神圣、永恒、重要的自我满足。她是我的轮中之轮"，等等。——波达奇的《索菲亚》，21页。）

[3] 这封信出版于罗思–朔尔茨（Roth-Scholz），《德国化学大观》，I，557—597页。这封《智慧之石的哲学寄语》的首个德语版本似乎出版于1698年的阿姆斯特丹。

她提供了精神指导：

这个圣炉，这个玛利亚浴所，这个玻璃瓶，这个神秘火炉，是流出神圣酊剂的源头、母体、子宫和中心。我不需要向你提醒酊剂的居所，或者指出它的名字，但我劝你敲打它的底部。所罗门在诗歌中告诉我们，其内心居所离肚脐不远，后者类似于装满纯酊剂神圣液体的圆形高脚杯[①]。你知道哲学家的火，它是他们隐藏的钥匙……这火是爱火，是从圣维纳斯或爱神流出的生命；玛尔斯（Mars）之火过于暴躁，过于锐利，过于强烈，它会烘干和焚烧材料。只有维纳斯的爱火才有真火的性质。

这种真正的哲学会告诉你如何认识自己。如果你正确认识自己，你也会了解纯粹的自然；因为纯粹的自然在你之中。当你了解了纯粹自然，即摆脱了一切邪恶罪恶自私的真正自我时，你也会了解上帝，因为神性被隐藏包裹在纯粹自然之

---

① 这是最受人喜爱的典故之一，见《雅歌》7：2："你的肚脐如圆杯，不缺调和的酒。"另见《初生的曙光》，I，第十二章。

中，就像果核包裹在果壳之中……真正的哲学会告诉你谁是这个神奇儿子的父亲，谁是母亲……这个孩子的父亲是玛尔斯，他是作为父亲性质从玛尔斯中发出的火热生命。他的母亲是维纳斯，她是从儿子性质发出的温柔爱火。接着，在自然的性质和形式中，你看到了男性和女性，男人和妻子，新郎和新娘，加利利的第一次婚姻或婚礼，它是玛尔斯和维纳斯从陷落的国家返回时举行的。丈夫玛尔斯必须成为圣人，否则纯洁的维纳斯既不会和他结婚，也不会和他进入神圣的婚床。维纳斯必须成为纯洁的处女，无瑕的妻子，否则愤怒嫉妒的玛尔斯在怒火中既不会和她结婚，也不会和她共同生活；自然的性质中不会有一致和和谐，只会有冲突、嫉妒、不和和敌对……

所以，要想成为博学的艺术家，你必须认真确保你自己的玛尔斯和维纳斯相结合，确保他们系好红线，真正完美地完成婚姻。你必须确保他们共同躺在婚床上，甜蜜和谐地生活；接着，处女维纳斯会在你身上产生珍珠，即她的水之精神，以软化玛尔斯的火之精神，玛尔斯的怒火在温柔和爱情中会心甘情愿地沉入维纳斯的爱火。于是，火和水这两种性质会混合在一起；他们的一致和结合会孕育出第一个神奇生命，我们称之为酊剂、爱火酊剂。虽然酊剂是在你的肉身子宫中孕育和诞生的，但是仍然有一个巨大的危险和担忧：由于它仍然在身体或子宫里，因此在它足月并现身之前，它可能会由于疏忽而变质。对此，你必须寻找一个好护士，他会照顾它的童年，精心照料它：这个护士必须是你自己的纯粹心灵和你自己的纯洁意志……

这个孩子，这个酊剂生命，其自然性质必须得到化验、证明和试验。这里同样会产生巨大的焦虑和危险，因为它必须在身体和子宫里承受诱惑的侵袭，你可能会因此失去这个生命。这是因为，这个纤弱的酊剂，这个娇嫩的生命之子，必须化为自然的形式和性质，以承受和忍受诱惑并战胜它；它必须潜入神圣的黑暗，潜入萨杜恩的黑暗，那里看不到生命的光明：它必须在那里被囚禁，被黑暗的铁链锁住，只能吃墨丘利给他的食物。对于生命的神圣酊剂来说，这些食物只有灰尘和灰烬，毒药和胆汁，火焰和硫黄。它必须进入极度愤怒的玛尔斯，［就像约拿（Jonah）在地狱之腹中那样］被玛尔斯吞噬，必须经历上帝愤怒的诅咒；它还必须接受路西法（Lucifer）和怒火性质中包含的无数魔鬼的引诱。在这里，神圣艺术家在这项哲学工作中会看到第一种颜色，酊剂在此表现为黑色，它是黑中之黑；博学的哲学家称之为他们的乌鸦，或者黑色渡鸦，或者他们受到祝福的极乐黑色；因为这种黑色的黑暗中隐藏着具有萨杜恩性质的光中之光；在这种毒药和胆汁中，最宝贵的解药隐藏在墨丘利身上，即生命的生命。受到祝福的酊剂隐藏在玛尔斯的愤怒和诅咒中。

现在，在艺术家看来，他的工作全部失败了。酊剂怎样了呢？这里没有任何明显的、可以感知、认识或品尝的事物，只有黑暗、最痛苦的死亡和地狱般可怕的火焰，只有上帝的愤怒和诅咒。艺术家没有看到，生命的酊剂存在于这种净化或者分解和毁灭中，这种黑暗中存在光明，这种死亡中存在生命，这种愤怒中存在爱，这种毒药中存在最高贵、最宝贵的酊剂以及一切毒药和疾病的解药。

古老的哲学家将这项工作或劳动称为其石头材料的堕落、煅烧、粉碎、死亡、腐烂、腐败和残留。你一定不能轻视这种黑暗或者黑色，必须耐心、痛苦、静静地坚持，直到它的 40 天试探结束，直到它的苦难终结。届时，生命的种子将会萌发、生长、升华或美化自己，将自己转变成白色，净化和圣化自己，为自己赋予红色，即改变和固定形状。到了此时，工作就简单了：因为博学的哲学家说过，此时石头的制作是女人的工作和孩子的游戏。所以，如果人类交出和放弃自己的意愿，变得耐心、安静，如同死去一般，空无一物，如果我们能将思想、运动和想象保持静止，或者入定休息，酊剂就会在我们里面为我们实现一切。不过，在达到这种状态之前，即使所有火焰在它面前得到释放，所有诱惑侵袭它，它也需要保持静止。对于人类意志来说，这是多么艰难痛苦的工作啊！

你可以看到，这里存在巨大的危险。在子宫

里，生命的酊剂很容易变质，果实很容易被浪费，因为它被完全包围，受到许多魔鬼和许多诱惑要求的侵袭。不过，如果它能承受和克服这种火热的考验和痛苦的诱惑，赢得胜利，你就会看到，它开始从地狱、死亡和凡人的坟墓中复活，首先以维纳斯的性质出现；接着，生命的酊剂会主动从黑暗萨杜恩的囚禁中有力地爆发出来，冲破有毒墨丘利的地狱，冲破在玛尔斯身上燃烧的上帝愤怒的诅咒和可怕死亡，具有维纳斯性质的温柔爱火会占据上风，爱火酊剂将在政府中获得垂青，获得至高权力。接着，神圣维纳斯的温柔和爱火会作为统治万物的国王君临天下。

不过，还有另一个危险：石头的工作可能会流产。所以，艺术家必须等待，直到他看到酊剂被它的另一种颜色覆盖，那是白中之白。他可能会在漫长的等待和静止之后看到它。当酊剂以月亮属性上升时，它会真正出现：明亮的月亮为酊剂赋予了美丽的白色，那是最完美的白色，光彩夺目。于是，黑暗转变成光明，死亡转变成生命。这种鲜艳的白色会唤醒艺术家心中的喜悦和希望，因为工作进展得很顺利，得到了令人喜悦的结果。这是因为，白色此时向灵魂的聪慧之眼揭示了洁净、无邪、神圣、简单、虔诚和正直，酊剂被它们不断包裹，就像披上衣服一样。她像月亮一样光芒四射，像黎明一样美丽。现在，酊剂生命的神圣纯洁发出光芒，没有任何污点、皱纹或其他缺陷。

古代大师常常将这件作品称为他们的白天鹅、他们的白化、他们的升华、他们的蒸馏、他们的流通、他们的净化、他们的分离、他们的圣化、他们的复活，因为酊剂白得像闪亮的白银一样。它的升华、提升和美化是通过多次下降到萨杜恩、墨丘利、玛尔斯以及多次上升到维纳斯和露娜实现的。这是蒸馏，是玛利亚水浴：因为通过水、血和圣贞女索菲亚神圣露水的多次蒸馏，经过自然形式和性质的多重循环，酊剂的自然性质得到了净化，变得白而纯净，就像被擦亮的银一样。源于萨杜恩、墨丘利和玛尔斯的一切黑暗不洁，一切死亡、地狱、诅咒、愤怒和毒性得到分离和去除，他们因此称之为分离，而酊剂获得了维纳斯和露娜的洁白和光辉，他们称之为圣化、净化和白化。他们称之为复活，因为白色从黑色之中诞生，神圣纯洁和纯净从墨丘利的毒性以及玛尔斯的红色怒火和愤怒中诞生……

现在，石头成形了，生命的灵丹妙药准备好了，爱情之子诞生了，新生命出现了，作业完美地结束了。再见，堕落、地狱、诅咒、死亡、龙、野兽和蛇！走好，死亡、恐惧、遗憾和悲伤！现在，救赎、拯救和一切失去事物的恢复会再次从内部和外部出现。现在，你解开了整个世界的巨大秘密和谜题。你拥有了爱情珍珠。你拥有了神圣喜悦永恒不变的本质，它是一切治愈美德和一切繁殖力量的源泉，它会主动生成圣灵的积极力量。你拥有了践踏蛇头的女人的种子。你拥有了处女的种子和处女的血液，二者的本质和性质是相同的。

哦，奇迹中的奇迹！你拥有了酊剂中的酊剂，处女的珍珠，它拥有三合一的本质或性质。它拥有身体、灵魂和精神，它拥有火、光和喜悦，它拥有父亲的性质，它拥有儿子的性质，还拥有圣灵的性质，这三者存在于一个固定而永恒的本质和存在中。这是童贞女之子，是她的头胎，是高贵英雄，是蛇的践踏者，是将龙置于脚下并践踏它的人……现在，天堂之人变得像透明玻璃一样清晰，可以被圣光穿过，就像极为明亮、纯粹、清晰的黄金一样，没有斑点和瑕疵。从此，灵魂成了最重要的纯洁天使，她可以变成医生、神学家、天文学家、神圣魔法师，她可以随心所欲地变成任何人，随心所欲地行动，随心所欲地拥有事物，因为一切性质只有一个和谐一致的意志。这个意志是上帝永不犯错的永恒意志；由此，圣人凭借自身性质与上帝合而为一[1]。

这个关于爱情、处女、母亲和孩子的神话像赞美诗一样，听上去极具女性特征，但它其实是源于男性潜意识的原型概念。在这里，童贞女索菲亚对应于阿尼玛（在心理学意义上）[2]。这种象

---

[1] 结尾段落与"自由精神派"的学说非常类似，后者早在 13 世纪由贝基安女修会和贝格哈德男修会传播。

[2] 所以，波达奇的观点与女性意识心理存在一定的一致性，但是和女性潜意识心理不同。

征以及索菲亚和儿子不太清晰的区别表明，她也是"天堂"或"神圣"存在，即自性。这些思想和人物对波达奇来说仍然很神秘，在一定程度上无法区分。这是因为，就像他本人描述的那样，这些经历具有情感性质[①]。这种经历几乎没有为批判性理解留下空间。不过，它们暗示了隐藏在炼金术象征背后的过程，为现代医疗心理学的发现铺平了道路。遗憾的是，我们没有明确出自女性手笔的原始文章。所以，我们不知道女性观点会带来怎样的炼金术象征。不过，现代医学实践告诉我们，女性潜意识生成的象征总体上是对男性的补充。在这里，用波达奇的话说，主旨不是温柔的维纳斯，而是火热的玛尔斯，不是索菲亚，而是赫卡特（Hecate）、德墨忒尔（Demeter）和珀耳塞福涅（Persephone），或者南印度卡利女神（Kali）更加光明、阴暗的方面[②]。

在这方面，我想请读者注意 14 世纪阿什伯纳

---

① 波达奇，《索菲亚》，第一章。

② 有一部现代作品精彩地描述了符号的女性世界：埃丝特·哈丁（Esther Harding）的《女性之谜》。

姆法典中奇特的哲学树图片①。在一张图中，亚当被箭射中②，树从他的生殖器中长出；在另一张图中，树从夏娃的脑袋里长出来。她的右手挡住生殖器，左手指向头骨。这显然暗示了男人的作业与阿尼玛的色情一面有关，而女人的作业与阿尼姆斯有关，是"头的功能"③。第一原质即潜意识在男人身上由"潜意识"阿尼玛表示，在女人身上由"潜意识"阿尼姆斯表示。第一原质长出了哲学树，即展开的作业。在象征意义上，图片也

---

① 它们在《心理学与炼金术》中被重印为图131和图135。

② 这支箭是指墨丘利的激情之箭。参考《里普拉伊抒情曲》，出自上一文献，491段，以及《神秘关联》，285页及后页。另见《精灵墨丘利》，第二部分，8节，及克莱尔沃的圣伯纳德（St. Bernard of Clairvaux），《康提卡谈话》，XXX，8（米涅，拉丁文系列，卷183，cols. 932-933）："上帝的话语是一支箭；它活泼有效，比双刃剑更有穿透力……基督之爱也是尖利的箭支，不仅进入玛利亚的灵魂，而且将其刺穿，使她的童贞心灵中到处充满了爱。"（麦乐瑞山牧师翻译，I，346页）

③ 参考阿拉斯加爱斯基摩故事《变成蜘蛛的女人》，出自拉斯穆森（Rasmussen），《幼儿的成长》，121页及后页，以及西伯利亚故事《女孩和头骨》，出自库尼克（Kunike），《西伯利亚故事》，31号。在第二个故事中，女人嫁给了头骨。

与心理学发现相符，因为亚当可以表示女人的阿尼姆斯，他用阴茎生成了"哲学"思想。夏娃代表男人的阿尼玛，她作为萨皮恩提亚或索菲亚，从脑袋里生成了作业的知识内容。

最后，我必须指出，《玫瑰园》在某种程度上也承认了女性心理学，因为第一组图片后面还有第二组图片——它们不太完整，但也属于类比——图片末尾出现了男性人物"皇帝"，但是没有像第一组图片那样出现"皇后"，而是出现了"哲学家的女儿"。雷比斯（Rebis）对于女性元素的强调（见图10）与以男性为主的心理学相一致，而第二版本添加的"皇帝"是对女性（或者男性意识）的让步。

在最初的"潜意识"形式中，阿尼姆斯是自发偶然观点的混合，它们对女性的情感生活具有强烈影响。类似地，阿尼玛也是感情的混合，它们影响或歪曲了男性的理解（"她转变了他的头脑"）。所以，阿尼姆斯喜欢投射到"知识分子"和所有"英雄"身上，包括歌手、艺术家、体育明星等。阿尼玛喜欢女性身上一切潜意识、阴暗、模棱两可和无关的事物，拥有她的虚荣、冷淡、无助等特征。在这两种情形中，乱伦元素扮演了重要角色，包括年轻女人和父亲的关系，老女人和儿子的关系，年轻男人和母亲的关系，老男人和女儿的关系。

显然，根据这些论述，作业期间积累在自我意识上的"灵魂"在男人身上拥有女性特征，在女人身上拥有男性特征。男人的阿尼玛希望和解与结合，女人的阿尼姆斯试图区分和分辨。这种严格对立在炼金术师的雷比斯身上被描绘成对立事物的一致。雷比斯是超越性统一的象征。在意识现实中，当意识头脑通过之前的净化清除了潜意识杂质时，它代表了冲突，尽管两个个体之间的意识关系可能很和谐。即使意识头脑不认同潜意识的倾向，它仍然需要面对它们，通过某种方式考虑到它们，使它们在个体生活中发挥作用，不管这多么困难。这是因为，如果你不允许潜意识通过文字和行为、担忧和痛苦，以及我们对其诉求的考虑和拒绝来表达自己，之前的分裂状态就会卷土重来，带来忽视潜意识可能引发的各种难以估量的后果。另一方面，如果我们对潜意识让步过多，它会导致积极或消极的人格膨胀。不管我们如何看待局面，它总是内部和外部的冲突：一只鸟成熟了，另一只鸟还没有。我们总是怀疑，我们需要拒绝正面，接受反面。所有人都想逃离这个显然令人不适的局面，但我们在逃离后发现，我们将自己留在了身后。永远逃离自己的生活是痛苦的，和自己共存需要一些基督教美德，我们需要将其应用到自己身上，比如耐心、爱、信心、希望和谦卑。用这些美德对待邻居当然可以使他高兴，但自负的魔鬼很可能会拍着我们的后背说，"干得好！"由于这是重要的心理学真理，因此一定有同样多的人拥有相反的表现，以便使魔鬼拥有挑剔的对象。不过，当我们将这些美德用在自己身上时，我们会快乐吗？当我作为兄弟中最卑微的人，作为只能拥抱自己的人收到自己的礼物时，我会快乐吗？当我必须承认我需要我所有的耐心、爱、信心甚至谦卑时，当我必须承认，我本人是我自己的魔鬼和对手，总是希望一切事物的对立面时，我会快乐吗？我们真的能够忍受自己吗？

"对别人去做……"这是善良而又邪恶的真相。

约翰·高尔的《情人的忏悔》[1]中有一句话，我将其作为本书序言的格言："一种敌对的和平，一种甜美的创伤，一种和善的邪恶。"古代炼金术师将他的经验精髓注入了这些文字。我无法为他们极为简洁的文字增添任何内容。它们包含了自我对于作业的所有合理要求，为它照亮了人类生活的矛盾性黑暗。对于人性基本矛盾的屈服相当于承认心理和自己存在矛盾。炼金术认为，这种紧张是四重的，构成了十字架，代表四种对立元素。这个四元组是表现这种完全对立状态的最简形式。十字架作为受难形式，表达了心理现实。所以，背负十字架是完整性的恰当象征，也是炼金术师在工作中看到的热情的恰当象征。所以，《玫瑰园》结尾恰当使用了基督升天的图片和下面的诗句：

---

① 麦考利（Macauley）编辑，II，35 页：卷一格言。参考克莱尔沃的圣伯纳德，《康提卡谈话》，XXIX，8（米涅，拉丁文系列，卷 183，col. 933）（关于玛利亚）："她的整个身体的确受到了严重而甜蜜的爱的伤害。"

经过多次受苦和重大殉难

我以理想形象再次出现，没有任何瑕疵。

对于炼金术和投射其中的潜意识内容的纯理性分析和解释只能中止于上述类比和矛盾，因为在完全对立中，没有第三者。科学在逻辑边界止步，但自然不会止步——她在理论还未涉足的领域旺盛生长。神圣自然不会止步于矛盾；她从矛盾之中创造了新生命。

10. 新生

极为光荣的皇后在此诞生，

哲学家称之为他们的女儿。

她再次繁衍后代，

后者纯洁无瑕，没有污点。

最后的图片（图 10）是这个系列中的第十张，这当然不是巧合，因为 10 被视为完美数字[①]。我

[①] "完美数字是十。"——米利尤斯，《哲学改革》，134页。毕达哥拉斯学派将十看作 τελειος αριθμος。——希波吕托斯，《埃伦霍斯》，I，2，8。参考约翰内斯·里杜斯，《月》，3，4，及普罗克洛斯（Proclus），《论柏拉图之蒂迈欧篇》，21AB。这种观点通过《群众》（300 页及后页，《论毕达哥拉斯》）转移到炼金术中。多恩（《聚集》，《化学大观》，I，622 页）说："当数字四和数字三上升为数字十时，它们返回一。这个秘密包含了万物隐藏的智慧。"不过，他否认（《灵魂对决》，《化学大观》，I，545 页）1+2+3+4=10，因为 1 不是数。他说，10 来自 2+3+4=9+1。他坚持要求取消邪恶的二（同上，542 页及后页）。

们已经指出，玛利亚公理包含 4、3、2、1，这些数字的和是 10，10 代表更高层次的统一。"一"以简单事物即造物主的形式代表统一[1]，而 10 是工作完成的结果。所以，10 的真正含义是上帝之子[2]。虽然炼金术师称之为哲人之子[3]，但他们将其

（接上页注文）

约翰·迪伊（John Dee，《单一体象形文字》,《化学大观》, II, 220 页）以常见方式得到了 10：古代拉丁哲学家认为，正十字表示 10。古代作家阿提菲乌斯（Artefius，很可能是阿拉伯人）也通过前四个数字相加得到了 10（《钥匙》,《化学大观》, IV, 222 页）。但他随后又说，2 是第一个数字。接着，他进行了下面 的 运 算：2+1=3，2+2=4，4+1=5，4+3=7，7+1=8，8+1=9，8+2=10。他说，"根据同样的方式，十可以生成百，百可以生成千。"你可以认为这种运算很神秘，也可以认为它很幼稚。

① 根据希波吕托斯的说法（《埃伦霍斯》, IV, 43, 4），埃及人说，上帝是不可分割的整体，10 是单子，是一切数字的开始和结束。

② 具有基督教寓意的"十"可见于拉巴努斯·马乌鲁斯（Rabanus Maurus），《世界圣言中的寓言》（米涅，拉丁文系列，卷 112，col. 907）。

③ "注意听：盐是最古老的秘密。像哈波克拉特斯（Harpocrates）那样，将他的核心隐藏在数字十中。"——昆拉特（Khunrath），《圆形剧场》, 194 页。盐是智慧之盐。哈波克拉特斯是神秘之谜中的天才。参考《心理学与炼金术》, 图 52 和 253。

PHILOSOPHORVM.

hie ist geboren die eddele Keyſerin reich/
Die meiſter nennen ſie jhrer dochter gleich.
Die vermeret ſich/gebiert kinder ohn zal/
Sein vnd ſelich rein/vnnd ohn alles mahl.

Dit

图 10

用作基督教符号，同时用教会基督形象的象征性质刻画他们的雷比斯。[①] 我们也许可以认为，中世纪雷比斯拥有这些基督教特征，但是对于阿拉伯和希腊文献中的雌雄同体者，我们只能猜测它们部分来自异教。未婚夫和未婚妻的教会符号导致了神秘的二合一，即生活在教会神秘躯体中的基督阿尼玛。这种统一是基督双性思想的基础，后者得到了中世纪炼金术的专门探索。更加古老的雌雄同体形象的外表很可能来自塞浦路斯的巴巴塔维纳斯，它与东正教会已经存在的双性基督思想相遇，后者显然与柏拉图的双性原人思想有关，因为归根结底，基督就是原人。

10 构成了工作的顶点。只有通过增殖，你才

---

① 莫诺伊莫斯系统中存在与此类似的情况（希波吕托斯，《埃伦霍斯》，VIII，12，2ff）。俄刻阿诺斯（Oceanus）的儿子（原人）是不可分割而又可以分割的单子：他是母亲和父亲，既是一，又是十。"你可以用圣数十构成一体。"——引自约翰·道斯顿（Joh. Dausten），出自埃吉迪厄斯·德·瓦蒂斯（Aegidius de Vadis），《对话》，《化学大观》，II，115 页。道斯顿或达斯廷（Dastyne）很可能是英国人，一些权威说他生活在 14 世纪初，另一些人说他的生活年代要晚得多。参考弗格森（Ferguson），《化学文献》，I，s.v. "道斯顿"。

能将其超越。这是因为，虽然 10 代表更高的统一阶段，但它也是 1 的倍数，因此可以通过 10、100、1000、10000 这种比例扩展到无穷，正如教会的神秘身体由无数信徒组成，可以将这个数字无限扩展。所以，雷比斯被描述成永恒食物、无限光，等等。而且，人们认为，酊剂可以自给自足，这项工作可以一劳永逸地完成[1]。不过，由于增殖只是 10 的性质而已，因此 100 和 10 没有区别，并不比 10 更好[2]。

根据《玫瑰园》，被理解成宇宙第一人的哲人石是自身的基础：万物都是从这个太一，通过这个太一生长出来的[3]。它是衔尾蛇，是自我繁殖、自我诞生的蛇。根据定义，它不是上帝创造出来

---

[1] 诺顿的《顺序》，《英国化学大观》，48 页。菲拉雷泰斯（《化学真理喷泉》，《赫尔墨斯博物馆》，802 页）说："发现它的人到了工作的收获时节。"这句话引自约翰内斯·彭塔努斯（Pontanus），后者生活在 1550 年左右，是哥尼斯堡医生和哲学教授。参考弗格森，《化学文献》，II，212 页。

[2] 值得注意的是，圣十字若望将灵魂升天描绘成十个阶段。

[3] "它们都来自太一，属于太一，跟随太一，后者是它自己的根源。"——《炼金术》，II，369 页。

的，尽管《玫瑰园》的引文表明，"我们神圣的墨丘利"是上帝创造的"神圣之物"。我们只能将这个创造出来的非创造物看作另一个悖论。为这种不同寻常的思想态度而冥思苦想是没有用的。实际上，只要认为炼金术师不是在故意制造悖论，我们就会继续白费力气。在我看来，他们的观点是完全自然的：一切未知事物最好用矛盾来描述。[①]1550 年的《玫瑰园》中有一首比较长的德语诗，显然是在那个时期写成的，它将雌雄同体者的性质解释如下：

极为光荣的皇后在此诞生，

哲学家称之为他们的女儿。

她再次繁衍后代，

后者纯洁无瑕，没有污点。

皇后憎恨死亡和贫穷

她超越了金银珠宝，

一切药物，或大或小，

---

① 库萨的尼古拉斯在《有知识的无知》中将对立思想看作最高推理形式。

地球上的一切都无法与她相比，

所以，我们感谢上帝。

哦，我被迫成为裸体女人，

因为我的身体最初受到了诅咒。

我从未成为母亲，

直到我成为新人。

凭借草根和草药的力量，

我战胜了一切疾病。

接着，我首次认识了我的儿子，

我们合而为一。

在一片贫瘠的土地上，

他使我怀孕生子。

我成了母亲，但却仍是处女，

我的性质得以确立。

所以，我的儿子也是我的父亲，

这是上帝符合自然的命令。

我生下了生我的母亲，

她再次通过我在世上降生。

被自然合而为一的事物，

最为巧妙地隐藏在我们的山中。

四者合为一体，

在我们这块权威的石头中。

被看作三位一体的六，

达到了本质的统一。

正确思考这些事情的人，

被上帝赋予能力

可以驱散与金属和人体有关的

一切疾病。

没有上帝的帮助，没有人能做到，

他还必须理解自己。

泉水从我的土中流出，

分为两条溪流。

一条流向东方，

一条流向西方。

两只鹰带着燃烧的羽毛飞起，

它们赤裸身体落回地面。

它们很快带着全部羽毛再次升起，

这泉水是太阳和月亮的主人。

哦，主耶稣基督，

你通过圣灵的恩典赐予祝福：

真正获得这份祝福的人，

完全理解大师的话语。

他关于未来生命的思想可能存在，

身体和灵魂紧密结合。

将它们提升到父亲的王国，

这就是人们的艺术之道。

这首诗与心理学关系密切。我已经强调了雌雄同体者的阿尼玛性质。"初始身体"的"邪恶"与我们上一章考虑的讨厌邪恶的"潜意识"阿尼玛类似。在它第二次出生时，也即作为作业的结果，这个阿尼玛结果了，作为雌雄同体者，和她的儿子共同出生了，这是母子乱伦的产物。受胎和生产并没有影响她的贞洁[1]。这其实是基督教悖论，它与潜意识不同寻常的永恒性质有关：一切都已发生，但却未曾发生，已经死亡，但却未曾出生[2]。这种矛盾陈述说明了潜意识内容的潜在

---

[1] 参考《萨拉坦塔姆的罗西努斯》，《炼金术》，I，309 页："它的母亲是处女，父亲没有和她同床。"

[2] 参考佩特鲁斯·博努斯（Petrus Bonus），《新的珍贵珠宝》，《化学大观》，V，649 页："他的母亲是处女，父亲不认识女人。他们还知道，上帝必须变成人，因为在这项艺术的最后一天，当工作完成时，生产者和被生产者合而为一。老人和孩子、父亲和儿子合而为一。于是，一切旧事物焕然一新。"

性。如果可以类比的话，它们就是记忆和知识的客体。从这种意义上说，它们属于遥远的过去。所以，我们会谈论"原始神话思想的遗迹"。不过，由于潜意识在突然而难以理解的入侵中现身，因此它是之前从未发生过的事情，是全新而陌生的事物，属于未来。所以，潜意识既是母亲也是女儿，母亲生出了自己的母亲（非受造者），她的儿子是她的父亲[①]。炼金术师似乎认识到，这个最为骇人的悖论与自我存在某种联系，因为没有人能实践这种艺术，除非获得上帝的帮助，除非"他理解自己"。古代大师意识到了这一点，我们可以从莫里埃努斯和国王卡里德的对话中看出来。莫里埃努斯说，希拉克略（拜占庭皇帝Heraclius）如此教导学生："哦，智慧之子，你要知道，上帝作为至高荣耀的造物主，用四种不相等元素创造了这个世界，将人作为装饰置于其中。"当国王恳求他进一步解释时，莫里埃努斯回答说："为什么我要告诉你许多事情呢？因为这种

---

① 参考但丁，《天堂》，XXXIII，i："哦，圣母，你儿子的女儿。"

物质是从你身上取出的，你是它的矿；哲学家在你身上找到它。我可以更直白地说，他们从你身上将其取出。当你经历这件事时，你对它的爱和欲望会增长。你会知道，这件事物的确存在，没有任何疑问……因为四种元素在这块石头中结合在一起，人们将其比作世界和世界的成分。"①

由这段话可知，由于人在四种世界本原之间的位置，他的体内包含了世界的复制品，不均等元素在其中结合在一起。这是人体小宇宙，对应于帕拉采尔苏斯的"苍穹"或"奥林匹斯"：它是人身上和世界一样宽广的未知量，它天生在人体内，无法获取。在心理学上，这对应于集体潜意识，其投影在炼金术中无处不在。我不能举出炼金术师拥有心理学洞见的更多证据，因为我已在其他地方做了这项工作②。

这首诗结尾暗示了不朽——也就是炼金术师热切追求的长生不老药。作为超越性思想的不朽不可能是经验的客体。所以，你无法支持或反对

---

① 《金属的转化》，《炼金术》，II，37 页。

② 参考《心理学与宗教》，95 段及后段，153 段及后段；以及《心理学与炼金术》，342 段及后段。

它。不过，作为感觉经历的不朽是完全不同的。感觉的存在和思想类似，是无法反驳的现实，可以得到相同程度的体验。我曾多次观察到，自性的自发显现即某些相关符号的出现伴随着某种具有潜意识永恒性的事物，表现为永恒或不朽感觉。这种经历可能极为震撼。永恒之水、不朽石头、长生不老药、永恒食物等思想并不特别陌生，因为它与集体潜意识的现象学相符[1]。炼金术师想象自己能在上帝帮助下制造出永恒物质，这似乎是骇人听闻的想法。这种说法使许多论述具有了自夸和欺骗的意味，使它们理所当然地丧失名誉，被人遗忘。不过，我们应该提防把婴儿和洗澡水一同倒掉的风险。一些论述深入考察了作业的性质，为炼金术带来了另一种面貌。所以，《玫瑰园》的匿名作者说："因此，石头显然是哲学家的主人。他好像在说，他不得不做的事情源于自己的本性；所以，哲学家不是石头的主人，而是牧师。因此，如果你试图通过艺术而非自然在物质

---

① 显然，这些概念无法解决任何形而上学问题。它们并不能证明或推翻灵魂的不朽性。

中引入与其本性不符的事物，你就犯了错误，并且会为你的错误哀悼。"[1] 这明白无误地告诉我们，艺术家的行为不是来自他的即兴创作，而是来自石头的驱使。这个强大的权威正是自性。自性希望显现在工作中。所以，作业是个体化过程，是自性的形成过程。自性是完整永恒的人，因此对应于原始球形[2] 双性生物，后者代表意识和潜意识的相互融合。

由此，我们可以看到，作业终结于一个极具矛盾性的存在，你无法对它进行理性分析。这项工作几乎不可能以其他方式结束，因为对立复合体只会导致令人困惑的悖论。在心理学上，这意味着人类完整性只能用对立事物描述。在处理超越性思想时，事情总是这样。作为类比，我们可以提及光学中同样矛盾的微粒理论和波动理论，尽管它们可以进行数学综合，而心理学思想自然

———————

[1] 《炼金术》，II，356，357 页。

[2] 波斯的迦约玛特长和宽相等，因此呈球形，就像柏拉图《蒂迈欧篇》中的世界灵魂一样。据说，他住在每个人的灵魂里，从那里返回天堂。参考雷岑斯坦和舍德尔，《古代共时性研究》，25 页。

成熟的鸟儿消失了，它的位置被长有翅膀的雷比斯取代。右边是"太阳月亮树"，即哲学树，它是另一侧暗示的潜意识发展过程的意识对应物。在第二个版本相对应的雷比斯图片中，取代渡鸦的是为孩子啄开胸部的鹈鹕，这是众所周知的基督教寓言。在同一张图中，狮子在雷比斯身后匍匐。在雷比斯所在山峰的山脚下，有一条三头蛇[1]。炼金术中的雌雄同体人本身就是一个问题，需要专门阐释。在这里，我只能简单说一下，为什么炼金术师热切追求的目标被构想成了如此骇人的意象。我们已经圆满地证明，这个目标的矛盾性质可以在很大程度上解释相应符号的畸形。不过，这种理性解释无法改变一个事实：这个怪物源于可怕的流产，是自然的反常。它也不是不值得进一步考察的单纯意外。相反，它非常重要，是支撑炼金术的某些心理学事实的结果。你必须记住，雌雄同体者符号是艺术目标的许多同义词之一。为避免不必要的重复，我希望读者参考《心理学

---

[1] 关于雷比斯的更多图片，参考同上，索引，s. v. "雌雄同体者"。

与炼金术》中收集的材料，尤其是石头和基督的罕见类比。由于显而易见的原因，这些材料通常回避了第一原质与上帝的比较[①]。虽然这种类比很贴切，但石头没有被单纯理解成升天的基督，第一原质也没有被单纯理解成上帝。相反，《翠玉录》暗示，炼金术之谜是高级秘密的低级对应物，后者是神圣的，不仅具有父亲"头脑"，而且具有母亲"物质"。动物符号在基督教中的消失在这里被大量比喻性的动物形象所弥补，后者与自然之母非常吻合。基督教形象是精神、光明和善良的产物，炼金术形象则是夜晚、黑暗、毒药和邪恶的产物。这些黑暗来源可以在很大程度上解释

---

① 第一原质和上帝的等同不仅出现在炼金术中，也出现在中世纪哲学的其他分支中。它源于亚里士多德，在炼金术中的首次出现是在哈兰尼特（Harranite）的《论柏拉图四部曲》中（《论柏拉图四部曲》，《化学大观》，V）。梅嫩斯（Mennens，《金毛》，《化学大观》，V，334 页）说："所以，上帝的四字名称似乎象征了最神圣的三位一体和第一原质，后者也被称为他的阴影，摩西称之为他的后侧部分。"之后，这一思想出现在迪南的戴维（David of Dinant）的哲学中，后者受到了艾尔伯图斯·麦格努斯（Albertus Magnus）的抨击。"一些异端说，上帝与第一原质和头脑是同一事物。"——《神学大全》，I，6，qu. 29，memb. 1，art. 1，5 段[《作品集》，博格内特（Borgnet）编辑，卷31，294 页]。更多细节参考克伦雷恩（Kronlein），《贝纳的阿马利奇》，303 页及后页。

畸形的雌雄同体者，但它们无法解释一切。这个符号原始的双性特征表达了炼金术师头脑的不成熟，后者没有得到充分发展，无法使他应对困难的任务。他在两种意义上发育不足：首先，他不理解化学结合的真实性质；其次，他对投影和潜意识的心理学问题一无所知。所有这些知识当时还没有诞生。自然科学的发展弥合了第一道鸿沟，潜意识心理学正在努力弥合第二道鸿沟。如果炼金术师理解这项工作的心理学意义，他们就可以将"统一符号"从本能性欲中释放出来。没有批判性智力的支撑，单纯的自然一定会将统一符号留在本能性欲手中，不管这是好是坏。自然只能说，至高对立事物的结合是一种混合事物。当意识潜力无法为自然提供帮助时，自然的陈述只会局限于性欲——在中世纪，由于心理学的完全缺位，你不能指望其他可能性[①]。这种情况持续到了

---

① 雌雄同体人思想似乎出现在后来的基督教神秘主义中。例如，居翁夫人（Mme Guyon）的朋友皮埃尔·普瓦雷（Pierre Poiret，1646—1719 年）遭到指控。据说，他相信繁殖将在千禧年以雌性雌雄同体方式发生。克莱默（Cramer）驳回了这项指控［豪克（Hauck），《现实百科全书》XV，496 页］，指出普瓦雷的作品中没有这种说法。

19世纪末，此时弗洛伊德再次挖出了这个问题。接着，发生了意识头脑和潜意识碰撞时通常会发生的事情：前者受到了后者最大程度的影响和损害，甚至被它压倒。对立事物的统一问题以性别形式持续了几个世纪，直到科学启蒙和客观性取得了足够的进步，人们才得以在科学对话中提及"性"。潜意识的性倾向立刻得到了认真对待，被提升为某种宗教教条，并且得到了激烈辩护，直至今日。可见，之前得到炼金术师滋养的这些内容极具吸引力。隐藏在神话乱伦、圣婚、圣子等思想背后的自然原型在科学时代发展成了婴儿期性欲、性变态和乱伦理论，而化合在移情神经症中被重新发现[1]。

雌雄同体者符号的性倾向完全压倒了意识，产生了和古代混合象征一样讨厌的思维态度。击败炼金术师的任务重新出现：如何理解人和世界的深刻分裂？如何应对它，甚至将其消除？这就

---

[1] 有趣的是，在赫伯特·西尔贝雷（Herbert Silberer）的著作《神秘主义问题及其象征》中，这种理论再次与炼金术相结合。

是剥开自然性符号的外衣之后呈现出的问题，它之前之所以披上这件外衣，是因为它无法越过潜意识门槛。这些内容的性倾向总是代表自我与某个潜意识形象（阿尼玛或阿尼姆斯）的潜意识认同。所以，自我既心甘情愿又犹犹豫豫地成为圣婚的参与方，至少相信它只是一种色情结合。当然，你越是相信它——也就是说，你越是专注于性的一面，忽视原型模式——这种现象就越明显。我们看到，整个问题会导致狂热，因为我们犯了错误，这是痛苦而明显的事实。另一方面，如果我们拒绝承认吸引人的事情是绝对真理，我们就可以看到，诱人的性元素只是众多方面中的一个而已——它也是欺骗我们判断的那一个。这个方面总是试图将我们置于同伴的掌控下，后者似乎拥有我们没能在自己身上发现的所有性质。所以，如果我们不想被幻觉欺骗，我们就会仔细分析每一个吸引人的事物，从中提取出我们自己人格的一部分，就像第五元素一样，并且逐渐认识到，我们在人生道路上无数次遇到戴着不同面具的自己。不过，只有天性相信个体和他人完整现实的人才能从这个真理中受益。

我们知道，在辩证过程中，潜意识会生成某些目标意象。在《心理学与炼金术》中，我描述了一个包含这些意象的漫长梦境系列（甚至包括射击）。它们主要涉及曼陀罗类型的思想，即圆和四位一体。后者是目标最简单、最典型的表现形式。这些意象将对立事物统一成四元组标志，即将它们结合成十字形式，或者通过圆和球表现完整性思想。人格的高级类型也可能表现为目标意象，但这更加罕见。有时，中间的发光人物会得到特别强调。我从未遇到作为目标人格化的雌雄同体者，它更多时候作为初始状态的象征出现，表达了对阿尼玛或阿尼姆斯的认同。

这些意象自然只是对完整性的预测，后者原则上总是刚好位于我们的触及范围之外。而且，它们并不总是表示患者即将在随后阶段意识到这种完整性的升华状态；它们常常只表示对于混沌状态和方向缺失的暂时补偿。当然，从根本上说，它们总是指向自性，即一切矛盾的容纳者和组织者。不过，当它们出现时，它们只表示完整秩序的可能性。

当炼金术师描绘雷比斯和四分圆时，当现代人描绘圆和四位一体的图案时，他们试图表现完整性——这种完整性可以解决所有对立，结束冲突，至少使其缓和下来。这个符号是对立事物的一致。我们知道，库萨的尼古拉斯将其与上帝等同。我不想和这位伟人交锋。我只关注心理的自然科学，我的主要目标是确定事实，这些事实的命名和进一步解释倒在其次。自然科学不是言语和思想的科学，而是事实的科学。我对术语的使用并不严格——你可以称这些符号为"完整性""自性""意识""高级自我"或者随便什么名字，这无关紧要。对我来说，我只想避免给出错误或具有误导性的名称。这些术语只是为事实命名，术语不重要，事实才是重要的。我给的这些名称并不意味着一种哲学，尽管我不能阻止人们对这些术语的幻象叫嚷，仿佛它们是形而上学的实体。事实本身是自足的，了解它们是很好的，但对它们的解释应该留给个人自由判断。库萨的尼古拉斯说："最大值是没有对立的，最小值也是最大值。"① 然而，上帝也处于对立面："在创造和被创造的巧合之外，你是上帝。"人是上帝的类比："人是上帝，但不是绝对意义上的上帝，因为他是人。因此，他是以人的方式成为上帝。人也是一个世界，但由于他是人，所以他并不是所有事物都以收缩的形式同时存在的。因此，他是一个缩影。"② 因此，对立的复杂性不仅是一种可能性，还是一种伦理责任："在这些最深刻的问题上，我们人类智慧的一切努力都应该致力于达到那种简单，从而调和矛盾。"③ 炼金术士可以说是研究对立结合这一重大问题的经验主义者，而库萨的尼古拉斯则是这个问题的哲学家。

---

① *De docta ignorantia*, II, 3.

② *De conjecturis*, II, 14.

③ *Of Learned Ignorance* (trans. Heron), p.173.

附录　心理宣泄的治疗价值 [①]

在论述威廉·布朗（William Brown）所撰的《情感记忆的恢复及其治疗价值》（*The Revival of Emotional Memories and Its Therapeutic Value*）这篇论文时，威廉·麦孤独（William McDougall）曾在《英国心理学杂志》（*British Journal of Psychology*）上撰文，表达出了我在此想要强调的一些重要因素 [②]。第一次世界大战导致的各种神经官能症（neurosis），连同它们本质上的创伤性病因，再度提出了神经官能症创伤理论这整个问题。在和平年代，这种理论理所当然地被人们抛到了科学

[①]　本文最初以英文撰写，发表于《英国心理学杂志》（*British Journal of Psychology*，1921）。本篇并不是荣格《移情心理学》原书内容，因学理上具有关联性，本书选为附录。——编者注

[②]　两篇论文都发表于 1920 年。

探讨的背后，因为它的神经官能症病因论概念完全无法令人觉得满意。

这一理论的提出者，就是布鲁尔（Breuer）和弗洛伊德（Freud）两人。后来，弗洛伊德继续对神经官能症进行了更加深入的研究，不久之后又采用了一种更加重视神经官能症真实起因的观点。在迄今为止数量更多的普通病例中，并不存在创伤性病因的问题。

但是，为了营造出神经官能症由某种创伤所导致的印象，一些不重要的次要事件就必须为了这种理论而被人为地突显出来才行。如果并非纯属医学幻想的产物，或者并非纯属患者自身依从性所导致，这些创伤就属于次要现象，是一种本已具有神经官能症特点的态度带来的结果。通常来说，神经官能症属于人格的一种病态和片面发展，它的起源十分隐蔽，几乎可以无限回溯至童年时期的最初几年里。只有一种极其武断的观点，才会说一个人是从什么时候真正开始患上神经官能症的。

假如我们把神经官能症的决定性起因回溯到

病人出生之前，从而涉及父母在受孕和怀胎之时的生理和心理倾向——这种观点，在某些病例中似乎并非完全不可能出现——那么，与武断地在病人的个人生活中选择一个确定的神经官能症起源点相比，这样一种态度就会更加合理了。

显然，在处理这个问题时，我们绝对不应过多地受到症状表现的影响；即便病人与其家属都认为，这些症状的首次出现与神经官能症的发作是同步进行的，也应如此。更缜密的研究几乎总是表明，在出现临床症状的很久以前，病人就有了某种病态的倾向。

这些显而易见的事实，所有的专业人员早已耳熟能详；它们将创伤理论推到了幕后，直到这场战争导致的创伤性神经官能症频频发生。

现在，就算我们不考虑战争导致的无数神经官能症病例，世间也仍然有不少病例，让我们无法确定其中有什么神经官能症的倾向，或者由于此种倾向所起的作用微不足道，所以病人几乎不可能在没有心理创伤的情况下出现神经官能症；在战争导致的神经官能症中，心理创伤——一种强烈的冲击——对病人既有的神经官能症病史产生了重大影响。在这里，心理创伤并非只是一种宣泄的原动力而成了因果关系（causa efficiens）意义上的病因；我们把战场上那种独特的心理氛围，当成一个基本要素包括进去的时候，就尤其如此了。

这些病例向我们提出了一个新的治疗问题，并且似乎证明——我们回归到布鲁尔与弗洛伊德两人独创的方法及其基本理论是一种合理的做法；因为心理创伤要么是一种单一、明确而强烈的冲击，要么就是一种由思想与情感组成的复合体，我们可以把它比作一种心灵上的伤口。一切触及了这个复合体的东西，无论触及得多么轻微，都会激起一种强烈的反应、一种惯常的情绪爆发。因此，我们完全可以把心理创伤描绘成一种带有高度情绪性电荷的复合体；由于乍一看去，此种效果强大的电荷似乎就是导致病人心理失调的病理学成因，故我们可以相应地假定出一种疗法，其目的就在于彻底释放这种电荷。这样的观点既简单朴素，又合乎逻辑，并且显然符合下述事实：

心理宣泄——就是夸张地重现导致心理创伤的那个时刻，亦即在清醒或者催眠状态下对创伤时刻的情感再现——常常会产生有益的治疗效果。我们都很清楚，一个人会情不自禁地想要反复讲述一段生动的经历，直到那段经历不再具有情感价值才会作罢。俗话说："言为心声。"倾诉心声会逐渐削弱创伤性经历带来的情感作用，直到创伤性经历不再令人感到烦恼为止。

这种构想，似乎非常简单、明了；可遗憾的是——正如麦孤独正确地反对的那样——它与另一种同样简单，因而同样具有迷惑性的解释一样，并不令人觉得满意。这类观点，必须有人把它们当成教条一样大力而狂热地去加以捍卫才行，因为一到经验面前，它们就站不住脚了。麦孤独还正确地指出，在大量的病例中，心理宣泄法非但无用，实际上还有害。

对此，人们有可能带着理论家受了委屈时的态度，声称心理宣泄法从来就没有说过它是一剂万能灵药，更何况每种疗法都免不了会碰到棘手的病例。

但恰恰就是在这个方面，我将重新对疑难病例进行仔细的研究，以便我们对所说的方法或理论获得最具启发性的深入洞悉；因为正是在理论薄弱的地方，疑难病例清晰地揭示出来的东西会远远多于治疗获得了成功的病例。当然，这一点既非证明了所用的方法无效，也不是否认了所用方法的合理性，但它至少有可能导致理论变得更加完善，从而间接地改进我们所用的方法。

因此，麦孤独的观点是十分中肯的：他指出，神经官能症的根本因素在于心灵的解离（dissociation），而不是因为患者心中存在一种极其强烈的情感；所以，治疗方面的主要问题并非心理宣泄，而是如何消除这种解离。此种观点不但会促进我们的探讨，而且完全与我们所得的经验相吻合，即创伤性情结会导致心灵的解离。这种情结并不由意志所支配，因而具有心理自主的特征。

创伤性情结的自主性就在于，它具有不受意志所支配，甚至会直接与各种意识倾向相对立地自行显现出来的力量：它会专横地强行进入意识之中。情感爆发属于一种对个人的彻底侵犯，它会像敌人或者野兽一样，向个人猛扑过去。我常常注意到，典型的创伤性情感会在梦中呈现为一头危险的野兽——从而显著地说明了它从意识中分离出来后所具有的自主性。

从这个角度来考虑的话，心理宣泄就会表现出截然不同的面貌，成为重新整合这种具有自主性的情结，并且通过一次又一次地重新经历创伤情境，逐渐把创伤性情结当成常规内容融入意识当中的一种尝试。

但我严重怀疑问题是否有那么简单，或者这一过程中是否没有其他至关重要的因素。因为我们必须强调的是，纯粹地重现经历本身并不具有治疗效果；这种经历，必须在医生到场的情况下才能进行重现。

假如治疗效果仅仅依赖于重现创伤性经历，那么心理宣泄法就可以由病人独自实施，把它当成一种孤立的活动，而病人也不需要向任何人类对象去宣泄情感了。不过，医生的干预却是绝对必要的。我们不难看出，病人若是能够将自己的经历向一位善解人意、富有同情心的医生倾诉，这对他来说具有什么样的重要意义。病人的意识，会在医生身上发现一种精神力量，能够抵御创伤性情结带来的、不受控制的情感。与这些原始力量作斗争的时候，病人就不再是孤军奋战，而是有一个信任之人向他伸出手来，给予他精神力量，使他能够去对抗那种专横而无法控制的情感了。如此一来，病人意识中的各种整合性力量就会得到强化，直到他能够再次把难以应对的情感置于自己的掌控之下。医生的这种作用，是必不可少的；若是愿意的话，您也可以称之为心理暗示（suggestion）。

但就本人而言，我倒是更愿意称之为"医生的人情味和个人奉献"。这些特性，既非任何一种方法所具有，也不可能变成一种方法；它们属于所有的心理治疗方法中最重要的道德品质，而并非仅仅属于心理宣泄法。只有当病人有意识的人格通过他与医生之间的关系得到强化，达到了让病人能够有意识地将自主情结置于自身意志控制之下的程度，再次经历创伤时刻才能够重新将神经性解离整合起来。

也只有在这种情况下，心理宣泄法才具有治疗价值。但是，这一点并非仅仅依赖于情感张力的释放；诚如麦孤独表明的那样，它在更大程度上取决于心灵解离的问题是否成功得到了解决。因此，心理宣泄法产生了消极后果的病例，就会以不同的方式呈现出来。

若是没有刚刚提及的那些条件，心理宣泄本身并不足以解决心灵解离的问题。就算重新经历创伤之后，病人没有恢复自主性情结，病人与医生之间的关系也有可能提升病人的意识水平，使之能够克服和吸收这种情结。不过，我们可能很容易看到一种现象，那就是患者会对医生抱有一种特别顽固的抵触情绪，或者医生没有用一种正确的态度去对待患者。在这两种情况下，心理宣泄法都会出问题。

按照常理来说，在处理创伤程度较轻的神经官能症时，心理宣泄这种疏导性的方法会收效甚微。它与神经官能症的性质无关，所以死板地运用它的做法是相当可笑的。就算获得了部分成效，其意义也比采用其他任何一种显然与神经官能症的性质毫无关系的方法所获得的成效大不了多少。

这些情况下获得的成功，都应当归功于心理暗示；心理暗示的持续时间通常都很有限，故它显然属于一个运气好坏的问题。成功的首要原因，往往就是患者对医生的移情；只要医生真正信任所用的方法，这种移情作用就不难建立起来。正是因为它与神经官能症的性质无关，就像催眠术和其他类似的疗法一样，人们才长期将疏导宣泄法弃之一边，以心理分析法取而代之，并且极少有例外。

注意，在宣泄法极不牢靠的地方，也就是说在医患关系这个方面，分析法碰巧却是最为无懈可击的。就算是在如今，许多地区依然盛行着一种观点，认为分析法主要就是"挖掘"幼年初期的情结，以便将创伤连根拔除。这种情况，其实无关紧要。它无非是旧的创伤理论留下的余波罢了。只有当这些关乎个人经历的内容妨碍到了病人适应现在的能力，它们才具有真正的重要性。煞费苦心地追寻幼时幻想带来的一切影响，这种做法本身相对来说并不重要；治疗效果源自医生努力进入患者的心灵之中，从而确立一种心理上的适应关系。正是因为缺乏这样一种关系，病人才深受痛苦。弗洛伊德本人早已认识到，移情是精神分析法的根本。所谓的移情，就是病人尝试与医生建立一种心理上的融洽关系过程。病人需要这种关系，才能战胜心灵解离的问题。这种融洽关系越是不佳，即医生与患者越是互不理解，由此产生的移情作用就会越强烈，而移情形式也会越带有情欲特征。

由于实现适应的目标对病人来说极其重要，所以情欲会介入进来，成为一种补偿功能。它的目的，就在于巩固一种通常无法经由相互理解来实现的关系。在这种情况下，移情很有可能变成最强大的障碍，让治疗无法获得成功。分析师过度专注于情欲方面的时候，强烈的情欲移情（sexual transference）会出现得尤其频繁；这一点不足为奇，因为此时通往理解的其他道路全都被封堵住了。对梦境和幻想进行纯粹的情欲解析，是对病人心理材料的一种严重亵渎：幼儿时期的性幻想绝非囊括了一切，因为这种心理材料中还含有一种创造性的要素，其目的就是找出一条摆脱神经官能症的出路。但在此时，这种本能的逃避途径遭到了封阻；在一片性幻想的荒野之上，医生便成了唯一可靠的避难所，病人则别无选择，只能用一种无法遏制的情欲移情来依附于医生，除非病人更愿意带着怨恨之情，断绝这种关系。

无论是哪种情况，结果都会导致精神上的孤寂。这一点更加可叹，因为很明显，心理分析者根本不希望出现这样一种令人沮丧的结果；然而，他们却经常因为盲目坚持情欲教条而导致这样的结果。

当然，从思维方面来说，情欲解析极其简单；它所关注的，充其量不过是以无数变化形式反复出现的少量基本事实而已。我们往往会预先得知问题的最终结果。"我们都出生于屎尿之间"（Inter faeces et urinamnascimur）始终都是一种亘古不变的真理，但同时也是一种毫无新意、单调呆板的真理，尤其还是一种令人厌恶的真理。永远将灵魂所有最美好的努力归结到子宫上去，是绝对没有任何意义的。这是一种严重的专业性错误，因为它不但不会促进心理理解力，反而会对它造成破坏。神经官能症患者最需要的，莫过于此种心理默契关系；在解离状态下，它有助于病人去适应医生的心灵。建立这样一种人际关系，也绝非易事；只有付出千辛万苦和细心关注，它才能逐渐确立下来。反复将所有的心理投射分解成各种起因——移情就是由心理投射构成的——或许具有相当重要的历史与科学意义，但它绝对不可能带来一种具有适应性的人生态度；因为把心理投射分解成基本要素的这种做法，会不断破坏病人为建立正常人际关系所做的每一次尝试。

尽管如此，就算病人的确成功地适应了生活，他也一定付出了巨大代价，丧失了众多的道德、才智和审美价值观；对于一个人的性格品质而言，丧失它们无疑是一大憾事。除了这种重大损失，病人还面临着一种危险，那就是永远沉湎于过去，怅惘地回想着如今已经无法去补救的事情：这种病态的倾向在神经官能症患者中十分常见，他们总是会到模模糊糊的往昔、自己的成长过程、父母的性格等方面去寻找导致他们感到自卑的原因。

细致地审视次要决定因素的做法，对病人当前的自卑心理几乎没有什么影响，就像同样煞费苦心地研究第一次世界大战起因的做法对改善现有的社会状况几乎没什么作用一样。真正的问题，就在于整个人格的道德达成（moral achievement）。

泛泛而言地坚称还原分析法毫无必要，无疑属于目光短浅之举，与认为所有对战争起因的研究都没有价值一样愚蠢。医生必须尽量深入地去探究神经官能症的起源，以便为随后进行的综合分析奠定基础。还原分析法带来的结果就是：病人会丧失那种有缺陷的适应力，被医生领着回到他的人生早期。病人的心灵则会本能地通过强化它对某个人类对象的依附，来弥补这种损失——其对象通常都是医生，但偶尔也会是其他人，比如病人的丈夫或者朋友，这些人的作用与医生正好相反。这种情况，既可能有效地抵消一种单向的移情作用，最终还有可能成为一大障碍，让治疗无法取得进展。病人对医生这种得到了强化的依赖性，就是对病人错误地看待现实的态度所进行的补偿。此种依赖性，正是我们所称的"移情"。

移情现象是每一次全面分析必然具有的特征，因为医生必须尽量最紧密地触及患者的心理发展路线。我们可以说，就像医生会逐渐同化病人那些私密的心理内容一样，接下来医生也会作为一种形象，逐渐同化到病人的心灵之中。我之所以说"一种形象"，是因为病人看到的并非医生的真实面貌，而是在病人往昔的人生经历中出现过的重要角色之一。医生会与病人心灵中的记忆形象紧密关联起来，因为与后者无异，医生也会让病人倾诉所有的个人秘密。此时的医生，就像一种充盈着那些记忆形象的力量。

因此，移情作用存在于众多的心理投射之中，而投射则取代了真正的心理关系。它们创造出了一种表面上的关系；这一点非常重要，因为它出现之时，正是患者习惯性的不适应已经被他分析性地移入过去而得到了人为强化的时候。所以，移情若是突然中断，往往会带来极其令人不快的后果，甚至带来危险的后果，因为它会把病人困在一种毫无办法可想的孤立处境当中。

就算经由分析，我们可以将这些心理投射追溯到它们的起因——所有的心理投射都可以用这种方式进行分解和处理——病人对人际关系的需求也依然存在，并且应当得到认可，因为没有某种人际关系的话，病人就会陷入茫然之中。

若想充分满足自身适应性方面的需求，病人必须利用某种方式，把自己与当前存在的一个对象关联起来。病人不会顾及什么还原分析法，而是会去求助于医生；但病人不会把医生当成投射情欲的对象，而是会把医生视为一种纯粹的人际关系对象，这种人际关系则会确保其中的每个人都有自己的恰当位置。当然，除非所有的心理投射都被对方自觉地认识到，否则的话，这一点就不可能做到。因此，医生首先必须对这些心理投射进行还原分析；当然，前提是医生必须时刻牢记，病人对人际关系的根本需求既是合理的，也很重要。

一旦医生认识到了病人的心理投射，称为移情的独特默契形式就会终结，而人际关系的问题则会开始出现。每一位仔细阅读过文学作品，并且用析梦、挖掘自身和他人的情结等方式自娱自乐过的学者，都可以轻而易举地达到这一步；但是，除非医生对自己进行了彻底的分析，或者能够带着一种追寻真相的热情去工作，能够通过病人去分析自身，否则的话，任何人就无权再越过这一步。医生若是既不希望分析自身，又无法实现上述另一个目标，那就绝对不应当去接触心理分析法；人们会发现他并不称职，尽管这种医生有可能固守着自诩权威的狭隘自负感。

最终，这种医生的所有工作会变成知识上的虚张声势——原因就在于，若是医生自己都十分明显地有自卑心理，他又怎么能够帮助病人去克服病态的自卑感呢？若是看到医生也在与自身的人格玩着捉迷藏的把戏，仿佛因为害怕被人小瞧而无法摘下那种自以为具有权威、能力与更多知识的面具，病人又怎能学会去抛弃那些掩饰其神经官能症的借口呢？

这种人际关系，往往就是对每一种没有在获得部分成功之后就半途而废，或者没有在一无所成的情况下就停滞不前的精神分析法进行检验的标准；它属于一种心理状态，病人在其中能够与医生平等相待，并且带着他在治疗过程中必须从医生那里学到的、同样坚决果断的批判态度。

这种人际关系，是双方自由地商定之后形成的一种纽带或者契约，而不是一种对移情的盲从和贬低人性的束缚。对病人而言，它有如一座桥梁；沿着这座桥梁，病人能够朝着一种有意义的存在迈出第一步。病人会发现，自己那种独特的人格具有价值，别人已经接受了他的本质，而他也有能力让自己适应人生当中的种种要求。不过，医生若是一直躲在一种方法背后，任由自己毫无疑虑地对病人吹毛求疵和进行批判，那么，病人就永远不会获得这种发现。接下来，无论医生采取什么样的方法，它都会与心理暗示没有多大区别，而医生则会种瓜得瓜，获得与方法相匹配的治疗结果了。相反，病人必须具有最自由地进行批评的权利，必须具有一种真正的人格平等感才行。

我认为，前文的论述已经足以表明这一点：在我看来，精神分析法对医生的心理和道德水平提出的要求，比医生仅仅应用一种常规技术时要高得多；而且，医生进行治疗时所起的作用，主要也是在这个更具私密性的方向上才能发挥出来。

不过，假如读者就此得出结论说，所用的方法几乎没有或者完全没有价值，那么我会认为，读者是完全误解了我的意思。纯粹的个人共鸣，绝对无法让病人客观地理解自己所患的神经官能症；可这种客观认识不但会让病人独立于医生，而且会对移情产生反向的影响。

为了客观地理解病情，为了创造一种人际关系，我们需要科学——不是需要一种仅仅涉及一个有限领域的医学知识，而是需要一种囊括人类心理各个方面的广泛认知。治疗不能只是摧毁病人原有的病态态度，还须让病人逐渐树立起一种合理而健康的新态度。这就需要从根本上改变病人的视野。病人不但必须能够看到自身所患神经官能症的病因与起源，还须能够看到自己正在努力实现的那种合理的心理目标。我们不能简单行事，像提取异物一样拔除患者的疾病，以免我们同时会把某种必不可少且对人生具有重大意义的东西一并消除。我们的任务并非将其清除掉，而是应当呵护和改造这种正在成长的东西，直到它能够在整个心灵之中发挥出应有的作用。

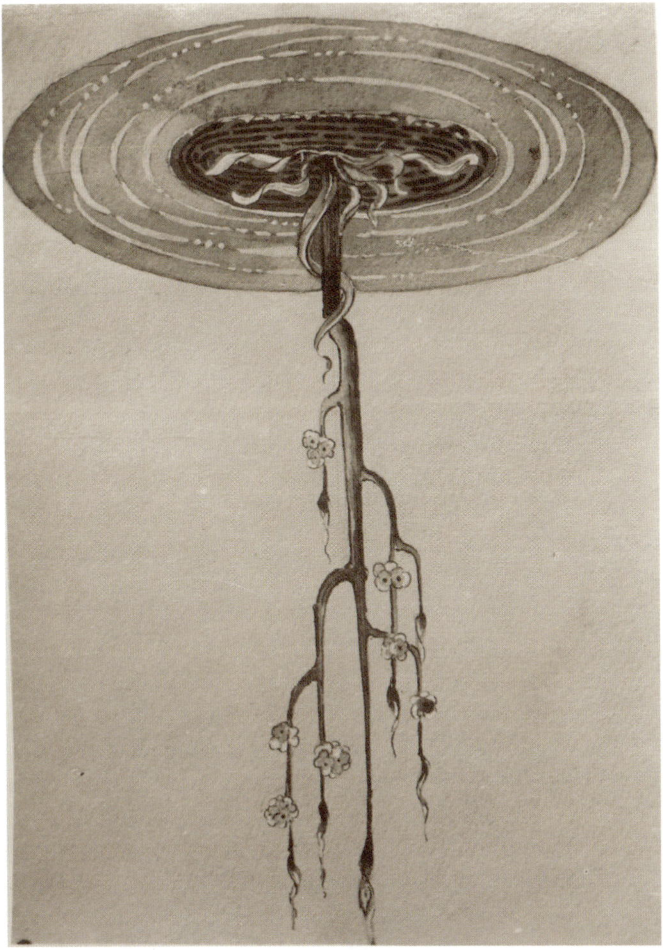

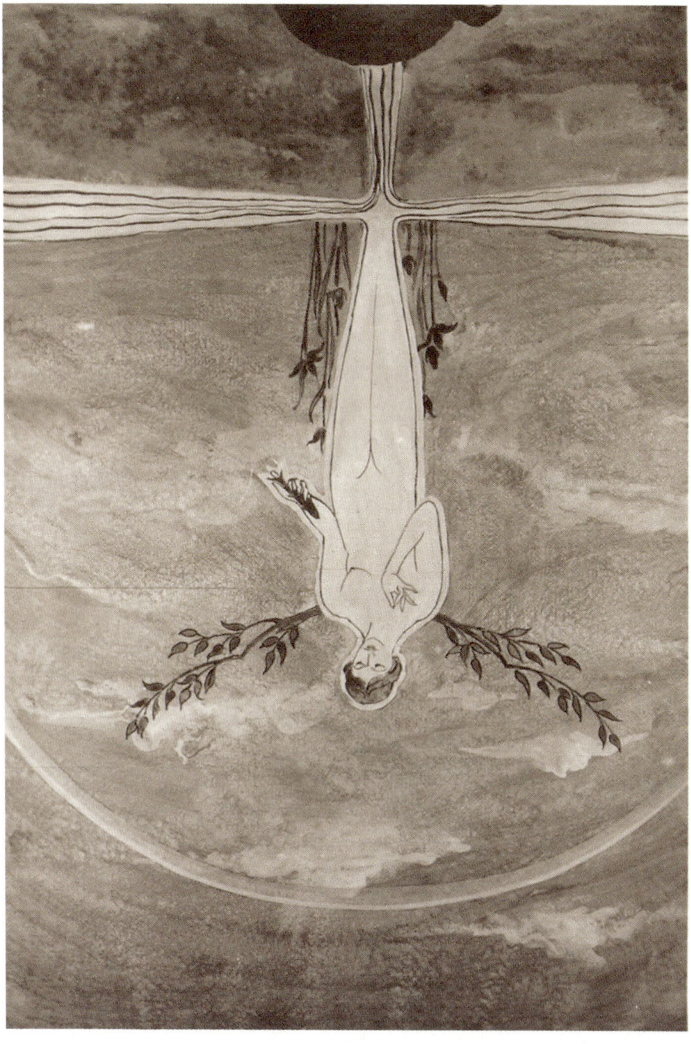

Awake my Soul
   stretch every nerve"

"I am the Game of the gambler."

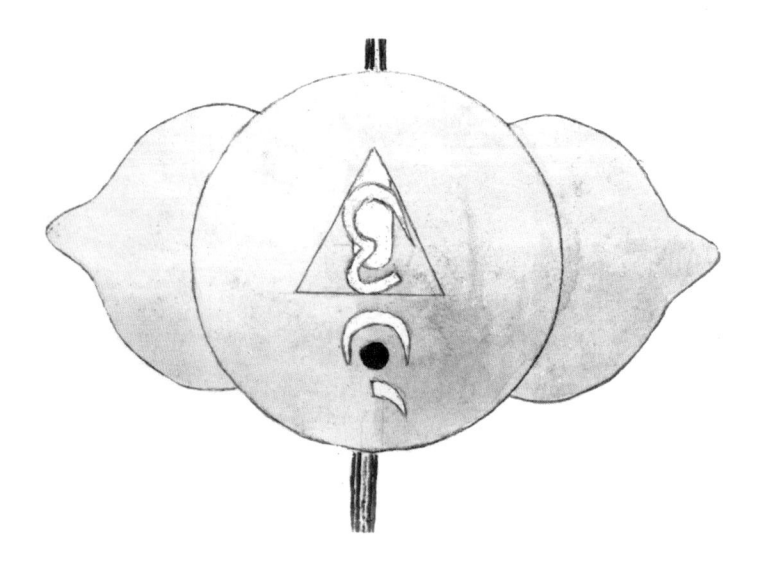